大兴安岭天然次生林更新规律与林分结构调控研究

刘兆刚　董灵波　著

科学出版社

北京

内 容 简 介

本书以大兴安岭地区典型次生林为研究对象,在大量二类调查数据、固定样地数据的基础上,采用冗余分析、结构方程模型等方法量化了地形、土壤和林分条件对林分天然更新能力的影响,提出了制约该地区林分天然更新的关键可控因素;借助泊松回归、地理加权回归等近现代统计学方法构建了林分尺度和经营单位尺度的更新数量模型,研究了典型次生林不同树种和大小级林木的空间分布格局、关联性及其尺度效应;在量化林分空间结构参数对单木直径生长影响的基础上,建立了林分尺度空间结构调整与优化模型,确定了各林型的最优抚育强度;基于抚育强度对比和观测实验,明确了不同抚育强度对林分结构和功能的影响及其耦合机制;全书最后,以案例形式给出了能够兼顾野生动物生境的多目标经营决策模型。本书可为大兴安岭地区次生林的高效恢复提供指导,同时也可为我国其他地区次生林的研究和经营提供借鉴。

本书可供从事森林经理科研、教学和工程的相关人员及相关专业大专院校师生使用。

图书在版编目 (CIP) 数据

大兴安岭天然次生林更新规律与林分结构调控研究/刘兆刚,董灵波著. —北京:科学出版社, 2022.12
ISBN 978-7-03-070883-0

Ⅰ.①大⋯ Ⅱ.①刘⋯ ②董⋯ Ⅲ.①大兴安岭–天然林–次生林–森林更新–研究 Ⅳ.①S718.54 ②S754

中国版本图书馆 CIP 数据核字(2021)第 262122 号

责任编辑:张会格 田明霞 / 责任校对:杨 赛
责任印制:吴兆东 / 封面设计:刘新新

科 学 出 版 社 出版
北京东黄城根北街 16 号
邮政编码:100717
http://www.sciencep.com

北京建宏印刷有限公司 印刷
科学出版社发行 各地新华书店经销
*
2022 年 12 月第 一 版 开本:B5 (720×1000)
2022 年 12 月第一次印刷 印张:14
字数:281 000
定价:168.00 元
(如有印装质量问题,我社负责调换)

前　　言

　　大兴安岭林区是我国面积最大的原始林分布区，不仅是我国重要的木材生产基地，更是我国东北地区农牧业生产的重要天然屏障，因此该地区森林资源的优劣直接关乎整个东北地区的生态环境安全。但由于该地区森林资源的开发利用较早，现已形成了大面积的原始过伐林，整个森林生态系统呈现出"质量严重下降、可采资源枯竭、林分幼龄化、结构简单化、森林岛状斑块化、生态功能差"的特点，因此如何通过科学合理的经营技术手段加速其正向演化进程，已成为我国森林经营管理研究的热点。

　　本书以大兴安岭地区典型天然次生林（简称次生林）为研究对象，以森林多功能经营、近自然经营和健康经营为理论指导，在次生林更新繁殖的过程中，开展了种子雨季节动态、年际动态和种子千粒重、种子雨空间分布格局研究，基于冗余分析和结构方程模型开展了次生林天然更新影响因素的研究，在此基础上，构建了林分尺度和经营单位尺度的更新数量模型，进一步构建了天然更新等级综合评价模型，探讨和揭示了该地区天然次生林维持机制；在次生林演替的过程中，分别开展了基于点格局和格局指数的大兴安岭主要林分类型空间分布格局及其尺度效应的研究，在此基础上，进一步开展了林分结构对单木生长影响、结构优化模拟和基于野生动物的林分多目标经营决策模拟的研究，探讨了抚育与林分结构和功能的耦合机制，为该地区森林的可持续经营提供了理论依据和技术支撑。

　　全书共 9 章，第 1 章为天然次生林林分结构及抚育更新研究概况，主要论述国内外次生林林分结构、抚育更新技术和天然更新维持等方面的研究现状及存在的问题；第 2 章为大兴安岭地区概况，详细介绍了研究区域的地理位置、气候条件、水系与土壤、森林资源以及过往经营历史；第 3 章为天然次生林林分结构与更新特征，介绍了主要次生林类型的林分结构、更新和土壤等特征；第 4 章为次生林天然更新影响因素，分别从种子雨动态、更新因素冗余分析和关键可控因素 3 个方面进行了详细研究；第 5 章为不同尺度林分更新数量模型，基于固定样地和二类调查数据建立了林分尺度更新数量模型、林分尺度更新等级综合评价模型及经营单位尺度更新数量模型；第 6 章为天然次生林林木空间分布格局及其尺度效应，采用空间点格局和格局指数分析的方法研究了主要次生林类型不同树种和大小级林木的空间格局、关联性及其尺度效应；第 7 章为次生林林分空间结构调整与优化，在论证林分空间结构参数对单木直径生长影响的基础上，构建了林分尺度空间结构调整与优化模型；第 8 章为抚育强度与林分结构和功能的耦合机制研究，在定量评价不同抚育强度对林木生长、林分多样性和土壤理化性质影响的基础上，采用结构方程模型建立了抚育强度与林分结构和功能的耦合机制模型；第 9 章为次生林多目标经营决策案例研究，采用优化方法构建了能够兼顾野生动物生境的多目标经营决策模型。

在研究过程中，大兴安岭地区新林林业局新林林场和翠岗林场、松岭林业局壮志林场、塔河林业局盘古林场为课题野外调查、试验示范提供了良好的工作条件和帮助；东北林业大学森林经理学科研究生张凌宇、姜廷山、吕正爽、舒兰、陈莹、王涛、祝子枭、李存庆、魏红洋、宋长江、盛琪、田栋元、宋博、蔺雪莹、梁凯富等参加了多次野外调查和部分课题研究。在此，对以上人员和单位表示衷心的感谢！

本书由国家重点研发计划专项课题"大兴安岭次生林抚育更新技术研究与示范"（2017YFC0504103）、中央高校基本科研业务费"典型次生林碳储量提升的理论与技术研究"（2572021DT07）资助出版。

森林经营是一项复杂的、长期性的工程。本书所反映的内容仍属阶段性成果，尚需在后续森林经营实践中接受进一步的检验和优化。同时，由于作者水平有限，书中不足之处难以避免，殷切期盼有关专家和读者批评指正。

著　者

2022 年 8 月

目　　录

1　天然次生林林分结构及抚育更新研究概况 ·· 1

  1.1　次生林林分结构研究 ·· 2

    1.1.1　林分非空间结构 ··· 3

    1.1.2　林分空间结构 ··· 5

  1.2　次生林抚育措施与效果研究 ·· 6

    1.2.1　抚育间伐试验 ··· 6

    1.2.2　抚育间伐模拟 ··· 7

  1.3　次生林更新维持研究 ··· 8

    1.3.1　种子扩散 ··· 8

    1.3.2　幼苗建立 ··· 9

    1.3.3　幼苗生长和存活 ··· 9

2　大兴安岭地区概况 ·· 10

  2.1　地理位置 ·· 10

  2.2　气候条件 ·· 11

  2.3　水系与土壤 ··· 11

  2.4　森林资源 ·· 11

  2.5　经营历史 ·· 13

3　天然次生林林分结构与更新特征 ·· 14

  3.1　林分非空间结构及其特征 ··· 14

  3.2　林分空间结构及其特征 ·· 19

    3.2.1　Plotkin 集群算法 ·· 20

    3.2.2　Larson 空间格局 ·· 21

  3.3　林分更新特征 ·· 26

  3.4　土壤理化性质 ·· 30

    3.4.1　t 检验 ·· 30

    3.4.2　Wilcoxon 检验 ·· 31

4 次生林天然更新影响因素 ·· 36
  4.1 主要林分类型种子雨动态特征 ···································· 36
    4.1.1 种子雨组成和季节动态 ······································ 36
    4.1.2 种子千粒重 ·· 41
    4.1.3 种子雨强度年际差异 ·· 42
    4.1.4 种子雨空间分布格局 ·· 43
  4.2 主要林分类型天然更新因素的冗余分析 ···················· 46
    4.2.1 冗余分析更新幼苗等级划分 ································ 47
    4.2.2 冗余分析生境因子的选取 ·································· 47
    4.2.3 冗余分析理论 ·· 48
    4.2.4 冗余分析结果 ·· 48
    4.2.5 简约模型更新密度等值线 ·································· 51
    4.2.6 生境因子对林分更新密度的影响 ·························· 55
  4.3 主要林分类型更新的关键可控因素 ························· 57
    4.3.1 关键指标 ··· 59
    4.3.2 模型选择 ··· 60
    4.3.3 观测变量基本特征 ··· 61
    4.3.4 观测变量相关性分析 ······································· 62
    4.3.5 更新密度影响因素 ··· 63
    4.3.6 更新多样性影响因素 ······································· 65
5 不同尺度林分更新数量模型 ··· 70
  5.1 林分尺度更新数量模型 ·· 70
    5.1.1 更新计数模型 ·· 71
    5.1.2 模型的检验评价 ··· 76
  5.2 经营单位尺度更新数量模型 ···································· 78
    5.2.1 模型变量的选择 ··· 79
    5.2.2 全局泊松模型 ·· 80
    5.2.3 地理加权泊松模型 ··· 82
    5.2.4 模型残差的空间自相关性 ·································· 84
    5.2.5 林分更新数量空间分布 ···································· 87
  5.3 林分尺度更新等级综合评价模型 ····························· 89
    5.3.1 指标权重值的确定 ··· 89

　　　5.3.2　综合评价值的确定 ⋯⋯⋯⋯⋯⋯⋯⋯⋯⋯⋯⋯⋯⋯⋯⋯ 93

　　　5.3.3　模型拟合优度比较 ⋯⋯⋯⋯⋯⋯⋯⋯⋯⋯⋯⋯⋯⋯⋯⋯ 95

　　　5.3.4　评价效果的检验 ⋯⋯⋯⋯⋯⋯⋯⋯⋯⋯⋯⋯⋯⋯⋯⋯⋯ 97

6　天然次生林林木空间分布格局及其尺度效应 ⋯⋯⋯⋯⋯⋯⋯⋯ 99

　6.1　林木空间分布的点格局分析 ⋯⋯⋯⋯⋯⋯⋯⋯⋯⋯⋯⋯⋯⋯⋯ 99

　　　6.1.1　幼苗、幼树等级划分 ⋯⋯⋯⋯⋯⋯⋯⋯⋯⋯⋯⋯⋯⋯⋯ 100

　　　6.1.2　空间点格局分析 ⋯⋯⋯⋯⋯⋯⋯⋯⋯⋯⋯⋯⋯⋯⋯⋯⋯ 101

　　　6.1.3　不同生长阶段种内关联性分析 ⋯⋯⋯⋯⋯⋯⋯⋯⋯⋯⋯ 107

　　　6.1.4　优势树种与其他树种的种间关联性分析 ⋯⋯⋯⋯⋯⋯⋯ 115

　6.2　林木空间分布格局的尺度效应 ⋯⋯⋯⋯⋯⋯⋯⋯⋯⋯⋯⋯⋯⋯ 121

　　　6.2.1　林木等级划分 ⋯⋯⋯⋯⋯⋯⋯⋯⋯⋯⋯⋯⋯⋯⋯⋯⋯⋯ 122

　　　6.2.2　分布格局指数与种群格局规模 ⋯⋯⋯⋯⋯⋯⋯⋯⋯⋯⋯ 124

7　次生林林分空间结构调整与优化 ⋯⋯⋯⋯⋯⋯⋯⋯⋯⋯⋯⋯⋯ 135

　7.1　林分结构对兴安落叶松单木直径生长的影响 ⋯⋯⋯⋯⋯⋯⋯⋯ 135

　　　7.1.1　基础模型筛选 ⋯⋯⋯⋯⋯⋯⋯⋯⋯⋯⋯⋯⋯⋯⋯⋯⋯⋯ 137

　　　7.1.2　混合效应模型 ⋯⋯⋯⋯⋯⋯⋯⋯⋯⋯⋯⋯⋯⋯⋯⋯⋯⋯ 140

　　　7.1.3　模型检验 ⋯⋯⋯⋯⋯⋯⋯⋯⋯⋯⋯⋯⋯⋯⋯⋯⋯⋯⋯⋯ 143

　7.2　抚育强度对兴安落叶松天然林空间结构的影响 ⋯⋯⋯⋯⋯⋯⋯ 146

　　　7.2.1　空间优化指标 ⋯⋯⋯⋯⋯⋯⋯⋯⋯⋯⋯⋯⋯⋯⋯⋯⋯⋯ 147

　　　7.2.2　优化目标函数 ⋯⋯⋯⋯⋯⋯⋯⋯⋯⋯⋯⋯⋯⋯⋯⋯⋯⋯ 149

　　　7.2.3　样地基本特征 ⋯⋯⋯⋯⋯⋯⋯⋯⋯⋯⋯⋯⋯⋯⋯⋯⋯⋯ 150

　　　7.2.4　最优抚育方案 ⋯⋯⋯⋯⋯⋯⋯⋯⋯⋯⋯⋯⋯⋯⋯⋯⋯⋯ 151

　7.3　主要森林类型林分结构优化模拟 ⋯⋯⋯⋯⋯⋯⋯⋯⋯⋯⋯⋯⋯ 155

　　　7.3.1　林分结构参数的选取 ⋯⋯⋯⋯⋯⋯⋯⋯⋯⋯⋯⋯⋯⋯⋯ 156

　　　7.3.2　采伐指数构建 ⋯⋯⋯⋯⋯⋯⋯⋯⋯⋯⋯⋯⋯⋯⋯⋯⋯⋯ 158

　　　7.3.3　林分结构特征 ⋯⋯⋯⋯⋯⋯⋯⋯⋯⋯⋯⋯⋯⋯⋯⋯⋯⋯ 160

　　　7.3.4　抚育强度确定 ⋯⋯⋯⋯⋯⋯⋯⋯⋯⋯⋯⋯⋯⋯⋯⋯⋯⋯ 160

　　　7.3.5　抚育效果评价 ⋯⋯⋯⋯⋯⋯⋯⋯⋯⋯⋯⋯⋯⋯⋯⋯⋯⋯ 162

8　抚育强度与林分结构和功能的耦合机制研究 ⋯⋯⋯⋯⋯⋯⋯⋯ 166

　8.1　抚育强度对林分结构与土壤性质的影响 ⋯⋯⋯⋯⋯⋯⋯⋯⋯⋯ 166

　　　8.1.1　结构、更新、土壤指标选取 ⋯⋯⋯⋯⋯⋯⋯⋯⋯⋯⋯⋯ 168

　　　8.1.2　抚育对林木生长的影响 ⋯⋯⋯⋯⋯⋯⋯⋯⋯⋯⋯⋯⋯⋯ 171

8.1.3 抚育对林分结构的影响 ································· 173

8.1.4 抚育对林分多样性的影响 ····························· 173

8.1.5 抚育对土壤理化性质的影响 ··························· 174

8.1.6 综合评价分析 ····································· 174

8.2 抚育强度与林分结构和功能的耦合机制 ······················· 178

8.2.1 拟合指标选取 ····································· 178

8.2.2 结构方程模型 ····································· 179

9 次生林多目标经营决策案例研究 ································ 184

9.1 生境适宜性评价 ······································ 185

9.1.1 评价指标选择 ····································· 185

9.1.2 指标权重 ······································· 186

9.1.3 生境适宜性指数 ··································· 187

9.1.4 适宜性特征 ······································ 187

9.2 多目标经营决策 ······································ 191

9.2.1 多目标优化指标 ··································· 192

9.2.2 生境适宜性指数 ··································· 193

9.2.3 基于生境适宜性指数的林分优化模型 ···················· 194

9.2.4 采伐优化方案 ····································· 195

参考文献 ·· 198

1 天然次生林林分结构及抚育更新研究概况

气候变化是当今社会共同面临的问题之一，温室气体排放增加导致平均气温持续升高，带来了一系列频率更高、破坏力更强的自然灾害，影响着人类社会的正常稳定发展（胡雨梦等，2017）。气候变化导致冰川和积雪融化加速，水资源分布失衡，生物多样性减少，灾害事件频发（孔锋，2018）。气候变化还引起海平面上升，对农、林、牧、渔等经济社会活动产生不利影响，加剧疾病传播，给社会经济发展和人群健康带来了负面影响。

森林是陆地生态系统的主体，是维持生态平衡（Mascaro et al.，2012）、改善生态环境的重要保障（Costanza et al.，1997），在应对全球气候变化中发挥着不可替代的作用（Streck and Scholz，2006）。森林还为人类提供了丰富的木材、食物等资源（Yin and Jiang，2011），具有重要的生态和经济价值。我国森林经营理论和技术在不同的时代背景下呈现出明显的不同，并在吸收和借鉴国外先进经验的基础上，不断发展和完善。新中国成立初期，为满足生产建设需要，木材过度利用导致木材资源急剧下降，在此背景下，我国提出限定采伐强度的森林经营方案（胡雪凡等，2019）。随着环境和生态问题日益凸显，森林生态功能越来越被重视，我国林业学者唐守正（2005）、张会儒和唐守正（2008）相继基于减少采伐对环境的干扰，总结了森林生态采伐（forest ecology-based logging，FEL）理论。惠刚盈等（2018）根据最近邻树木原则，定义了最近邻 4 棵树林木结构单元，提出了结构化森林经营理论。近自然森林经营理论基础和实施技术被广泛地应用于国内人工林经营（陆元昌等，2009）。近自然森林经营理论基于森林立地林木的连续覆盖、混交比例、多重年龄结构、择伐技术和大量的天然更新，被认为是有效的人工林经营理论（Larsen and Nielsen，2007）。

大兴安岭林区是我国北方森林的主要分布区、黑龙江和嫩江两大水系的发源地、内蒙古呼伦贝尔大草原和松嫩平原的天然屏障，同时也是我国唯一的寒温带生物基因库，生态作用独特（王涛等，2019）。自 20 世纪初，大兴安岭林区森林资源因大规模的采伐和利用，由原来的顶极植物群落退化演变成现在的次生群落，森林覆盖率和存储量急剧减少（于立忠等，2017）。天然次生林林分结构单一，林木质量、生态系统稳定性及生物多样性低（史景宁等，2016）。当前，大面积天然次生林的经营是林业工作者面临的主要挑战（Yu et al.，2011）。

天然更新是指从植物的开花、结实，种子的生产、扩散和萌发，到幼苗的定居、存活、生长的生态过程。森林的天然更新影响着林分种群结构的变化，是种群得以繁衍、延续和稳定的一种重要方式（郭秋菊，2013），是低成本生态恢复的重要方式。但是，天然更新的每个阶段都面临着各种生物和非生物因素的干扰，如树种的生理生态学特性、生境条件、与相邻物种的关系及干扰的类型、强度和频率等都会对林分的天然更新产生不同程度的影响（李小双等，2007）。种子萌发和幼苗存活是决定更新成功的最关键的阶段。目标树种的自发更新并不总是能成功地建立新的种苗，在森林天然更新过程中，目标树种和非目标树种都可能出现在未来的林地中。在幼苗生长过程中，由更新位置不合理造成的林木竞争及立地、生长空间、光照等条件的限制，使得森林天然更新的幼苗成活率低。

本书以大兴安岭地区典型天然次生林为研究对象，以森林多功能经营、近自然经营和健康经营为理论指导，在次生林更新繁殖的过程中，开展了种子雨季节动态、年际动态和种子千粒重、种子雨空间分布格局研究，基于冗余分析和结构方程模型开展了次生林天然更新影响因素的研究，在此基础上，构建了林分尺度和经营单位尺度的更新数量模型，进一步构建了天然更新等级综合评价模型，探讨和揭示了该地区天然次生林维持机制；在次生林演替的过程中，分别开展了基于点格局和格局指数的大兴安岭主要林分类型空间分布格局及其尺度效应的研究，在此基础上，进一步开展了林分结构对单木生长影响、结构优化模拟和基于野生动物的林分多目标经营决策模拟的研究，探讨了抚育与林分结构和功能的耦合机制，为该地区森林的可持续经营提供了理论依据和技术支撑。

1.1　次生林林分结构研究

森林具有重要的经济、社会和生态价值，增加森林资源总量、提升森林质量是发展生态林业、建设生态文明的基础。20 世纪 70 年代以来，我国森林资源面积持续增长，根据第八次全国森林资源清查，我国天然林面积为 12 184 万 hm^2，天然林蓄积为 122.96 亿 m^3（国家林业局，2014），虽然森林资源质量稳步提高，整体生态功能得到优化，但仍然存在着森林资源人均水平低、资源结构不合理、低效低质的天然次生林占比大等问题（许传德，2014）。黑龙江省森林资源总量在全国范围内名列前茅，其中，天然次生林面积比重超过五成，特别是大兴安岭地区。20 世纪初，东北林区的森林资源遭到大范围的采伐和利用，在原始林面积开始大幅度减少的同时，其林分结构也遭到严重破坏，面临着各种各样的环境问题，如土壤侵蚀、生物多样性下降等。森林群落由原来的顶极植物群落迅速退化演变成现在的次生群落。

天然次生林是指原始森林被破坏后自然生长繁殖形成的天然植物群落（朱洪

坤，2010）。其水平结构复杂，垂直结构简单，林分动态稳定性较低但生长速度较快，具有涵养水源、调节气候、旅游开发利用性强、保护生物多样性等优势（Finegan，1996；Grimwood and Dobbs，2010；熊露桥，2013）。天然次生林是天然林在不合理的开垦、放牧、砍伐、狩猎、火烧等人为或自然干扰后形成的一类森林。关于次生林的研究很多，且近年来，次生林在保护生物多样性领域的研究得到进一步扩展。在次生林作为野生动物栖息地和保护物种多样性方面，Taki等（2013）发现近熟和成熟次生林比幼龄次生林更适合作为访花昆虫栖息地，提出次生林的成熟能在一定程度上影响原始森林的生物多样性；Grimwood 和Dobbs（2010）考虑了时间和空间上相互作用的复杂因子，指出次生林在保护人为干扰后的热带森林物种多样性方面起到了重要作用。在次生林空间格局和种间关联性方面，宗国（2018）综合分析了不同尺度上次生林乔木及其幼苗的空间分布格局与种间关联性，提出乔木及幼苗种间关联密切，但其受空间异质性影响较大；于亦彤等（2018）采用泰森多边形以及德洛奈三角网研究了金沟岭林场不同乔木树种的空间结构以及种间竞争关系。在次生林植物和土壤理化性质方面，李茜（2018）对子午岭林区油松、辽东栎天然次生林林区的叶片、凋落物，以及土壤的 C、N、P 的化学计量特征进行了研究，最终得出 C、N 含量的表现为叶片>凋落物>土壤。

在森林生态系统中，林分结构能够反映林分特征，林分结构及其特征的研究一直是森林经理学的重要内容以及研究的主要问题之一。早期森林结构指标主要指的是树种组成、胸径、树高、生物量、株数密度以及直径结构等（刘帅，2017）。随着林业研究者对森林结构研究的深入，现代森林经营进一步考虑到以林木空间结构单元为基础的空间分布特征，即林木属性在空间的分布排列特征及其对林分乃至景观层次的深远影响（Petritan et al.，2012；惠刚盈等，2018），此外，次生林更新维持机制和森林多目标抚育间伐对次生林森林质量的精准提升和恢复意义重大。故本书在国内外研究现状方面详细论述了森林空间和非空间结构、天然更新和抚育间伐的相关研究，内容如下。

1.1.1 林分非空间结构

目前，相关研究者对林分非空间结构中的树种组成及直径分布研究已较为全面，且大部分是结合其他林分因子、环境因子等来对林分进行研究分析的。

1.1.1.1 树种组成

树种组成一般用断面积比、蓄积比以及株数比来表示。Frisch 等（2015）通过综合分析海拔、树种组成及地衣物种组成之间的关系，得出海拔对树种组成影响较大，且乔木树种组成对地衣物种组成有决定性作用。董灵波等（2014）以林分空间结构为切入点，采用角尺度、大小比、混交度空间结构指标构建了林分综合空间距离与林分综合空间指数，得出天然落叶松林最优树种组成为八落，其次为七落。周梦丽等（2016）研究了不同采伐强度对树种组成及物种多样性的影响，结果表明弱度择伐的方式更有利于维持林分物种结构及物种多样性，有利于云冷杉天然林的可持续经营和发展。吕康梅（2006）依据林分生长收获因子与树种组成之间的关系来确定最优树种配比，确定混交林树种组成为 6：4～8：2 比较合理。

1.1.1.2　林分直径分布

林分中直径分布一般用径阶来进行描述，相关研究主要分为静态模拟和动态模拟。从研究对象来说，主要分为同龄纯林和异龄林直径分布。异龄林直径分布规律相对复杂，法国的德莱奥古和迈耶发现异龄林林分株数按照径阶的分布可用负指数分布表示，并提出典型的天然异龄林各径级林木株数会随着径级的增大而逐渐减少，从而呈现倒"J"形（Meyer，1952）。王智勇等（2018）利用韦布尔分布函数和角尺度、大小比、混交度 3 个林分空间结构参数分别对林分直径分布进行了探讨，得出了新林地区落叶松天然次生林混交度较大的林分较混交度较小的林分径级株数分布差异更加明显的结论。谢小魁等（2010）分别采用韦布尔分布函数、负指数函数以及 q 值法对长白山阔叶红松林径级结构进行了模拟，得出韦布尔分布函数比负指数函数更适用于原始阔叶红松林径级结构的模拟，而 q 值法则比较适合描述阔叶红松林的胸径分布。Avlovi 等（2006）通过构建杉木-山毛榉林分直径预测模拟模型来进一步预测该林分未来 50 年的林木径级结构变化情况，最终得出的结论是该林分在未来 50 年的径级结构将得到改善。丁国泉和许继中（2012）分别采用 Johnson's SB 分布、γ分布、韦布尔分布等函数对辽东山区天然次生林直径-株数分布进行了拟合，最终得出这些函数均适用于异龄林直径分布拟合，且以 Johnson's SB 分布函数拟合效果最好。类似地，Palahí 等（2007）也比较了几个概率分布函数用于直径分布拟合的效果，发现韦布尔分布函数拟合效果最好。

1.1.1.3　郁闭度

郁闭度指的是林分树冠相互接靠的程度，在一定程度上可以反映林分的疏密。该指标在森林资源统计、抚育间伐、林分改造等诸多方面有着不可替代的重要作用。郁闭度对林分的种群结构（于世川等，2017）、林木干形材质（尤健健等，2015）、林下灌草生物量（季蕾等，2016）等都有重要影响。胡艳波（2010）构建了林分空间结构优化模型，以吉林蛟河林业实验区天然阔叶红松林样地为研究对象，以树种混交度、林木分布格局、密集度、开阔比数以及郁闭度等林分结构参数为约束条件，对该林分进行了经营迫切性分析与经营方案的模拟。

1.1.2 林分空间结构

林分空间结构是指林木在水平方向上的分布格局及其属性在空间上的排列方式，它是与林木空间位置有关的林分结构特征指标（惠刚盈等，2007a）。空间结构被认为是森林生长变化的驱动力，反过来林分的生长变化也影响着林地植被的空间结构状态。通俗地讲，森林空间结构着重强调树木的空间位置及树木的个体单元属性，这是区别于非空间结构的主要标志。森林空间结构指标主要包含林木空间分布格局、树种空间隔离程度和林木竞争关系三个方面。

1.1.2.1 林木空间分布格局

林木空间分布格局指数中较早被广泛使用的是聚集指数和 Ripley's $K(d)$ 函数，而近年来运用较多的角尺度可以更好地对林木空间分布格局进行描述。通过角尺度对林木空间分布格局的描述主要有林分整体的随机分布、均匀分布以及团状分布三种状态。有研究表明，角尺度在描述空间分布格局方面较其他指数更具有有效性，如惠刚盈等（2007b）对 Ripley's $L(d)$ 函数、双相关函数与角尺度方法进行了对比分析，结果发现角尺度在有效性和可行性方面均比 Ripley's $L(d)$ 函数和双相关函数更好；Corral-Rivas 等（2010）比较了 Clark-Evans 指数、平均方位角指数（mean azimuth index）、Ripley's $L(d)$ 检验及角尺度等几种方法的性能，结果发现角尺度方法与 Ripley's $L(d)$ 检验均具备较高灵敏度。

1.1.2.2 树种空间隔离程度

混交度用来表征混交林中树种空间隔离程度，其定义为对象木与其相邻木不属同种个体的数量占所有相邻木数量的比例。该指标在林分特征研究中得到了广泛应用，如 Aguirre 等（2003）研究了墨西哥杜兰戈天然林的混交度，指出该区林分内多个树种之间的混交度差异较大，且存在较大的种间隔离差异。随着研究者对混交度研究的推进，又逐渐出现了树种多样性混交度（汤孟平等，2003）、全混交度（汤孟平等，2012）等概念，这些概念能够更好地诠释树种空间隔离程度。

1.1.2.3 林木竞争关系

林木竞争关系主要采用竞争指数来表征，其中因易于测算等优点而得到广泛应用的是完备性竞争指数中的 Hegyi 竞争指数（Holmes and Reed，1991）。此外，大小比（惠刚盈等，1999）也能够间接反映林木间竞争状况，故而也是研究林木间竞争关系的有力工具之一。

目前，森林空间结构分析与比较是林分相关研究的热点内容。Mason 等（2007）以 78 年的人工松林以及超过 300 年的天然松林为研究对象，分别采用 Clark-Evans 指数、角尺度、直径分化指数、Ripley's $L(d)$ 函数讨论了林分的不同结构特征。曹小玉等（2015）以两期调查数据为基础，采用树种隔离程度、透光条件、多样性、大小分化等指标作为空间结构评价参数，结合乘除法构建了评价指标体系，对杉木公益林进行了详尽的空间结构分析。Li 等（2014）通过对三种空间结构参数的二元分布以及径级结构的综合分析，对森林空间结构进行了更为深入的分析描述，以此达到辅助森林经营优化的目的。此外，赵春燕等（2010）、李际平等（2015）、董灵波等（2013）从不同角度改良了林分空间结构参数，并从不同角度提出了改善森林空间结构的不同途径。

1.2　次生林抚育措施与效果研究

1.2.1　抚育间伐试验

抚育间伐是指在未成熟的林分中，根据林分生长发育、自然稀疏规律及森林培育目标，为了给保留木创造良好的生长环境条件，而适时适量采伐部分劣质林木或阻碍目标树生长的树木，调整林分各项结构指标，改善目标树木生长环境，促进保留木生长的一种营林措施。其实质是对森林生态系统的人为干扰活动，主要通过人工选择采伐部分林木，以期达到提高林地质量、改善林地条件、调整森林结构、降低林分密度、增强林分稳定性的目的。在系统化经营的森林中，抚育间伐是定期、有规律地重复进行的。针对抚育间伐的研究由来已久，从森林经营理论的发展历史来看，抚育间伐的目标从单纯地以收获木材为主逐步发展到以实现森林的多效益、多目标经营为主。随着现代森林经营思想研究的深入，人们意识到森林不仅具有经济效益，还具有生态效益和社会效益，代表性的理论有"近自然林业理论"、"新林业理论"、"森林生态系统经营理论"和"森林可持续经营理论"（段劼等，2010）。而在各个森林经营理论中，林分抚育间伐是较为常用的且具备较强可操作性的营林措施之一。抚育间伐相关研究主要集中在其对林分特征的影响上，Zachara（2000）在研究择伐对欧洲赤松（*Pinus sylvestris*）林分结构影响时提出小强度抚育间伐对林分结构影响较小，20%～30%的抚育间伐强度能够改善林分的结构并促进树木生长。Briceño-Elizondo 等（2006）研究了气候变化和抚育经营措施对欧洲松、挪威云杉和白桦生长的影响，结果表明抚育间伐能够提高森林的平均立木度。此外，Baldwin 等（2000）在研究抚育间伐对火炬松（*Pinus taeda*）林分影响时发现，在一定范围内，抚育间伐强度与树干、树叶、树枝和树冠生物量的增加量成正比，且与小强度和未抚育间伐林分相比，中度和重度抚育间伐林分的树干尖削度相对更大。Crecente-Campo 等（2009）则通过研究抚育间伐的作用以及火灾风险对西班牙北部苏格兰松的影响，得出抚育间伐能够降低森林火灾发生的概率，且能够有效改善林内竞争关系。

国内相关研究主要集中在抚育间伐对林分各项理化指标以及林分生长收获等方面的影响。董希斌（2001）通过对落叶松林的研究指出落叶松林林分直径以及蓄积量随着抚育间伐强度的增加而不断增加，而抚育间伐强度对树高的影响不大。李春明等（2003）详细阐述了抚育间伐对森林生长的影响以及抚育间伐模型的发展历程，提出抚育间伐能够提高林分生产力、改善林地土壤水分含量、促进天然更新等，同时对抚育间伐存在的问题以及解决问题的思路和方法进行了探讨。明安刚等（2013）通过比较不同抚育间伐强度下 25 年生马尾松人工林碳储量的变化，得出抚育间伐有利于提高马尾松乔木层生物量和碳储量，并能够增加生态系统碳储量总量，但不利于林下地被物和凋落物生物量及碳的累积。

如何科学合理地运用管理方法优化林分空间结构一直是许多学者努力研究的问题。基于空间结构分析的优化设计是世界森林经营研究的重要方向。国内外森林空间结构优化，天然林及天然次生林结构优化管理目标模糊不定，是森林结构调整优化的一个难点。同时算法的优化也是今后研究的方向，优化经营缺少全面和系统的量化标准，未来研究还需要进一步完善林分空间结构的指标与体系。因此，优化空间结构的目标是在立场和景观层面确定，即确定培育什么样的森林是国内外研究的重点和难点。尽管之前已有很多学者进行了一系列的研究，但在空间结构评价指标体系构建、多目标经营与林分空间结构优化等领域仍存在一些问题。

1.2.2 抚育间伐模拟

在森林经营实践过程中，由于树木生长周期长，经营措施短期难以看出效果，模拟经营就成为探讨森林空间结构与动态发展的重要手段（Courbaud *et al.*，2001）。Hanewinkel 和 Pretzsch（2000）采用聚集指数和 Shannon-Wiener 指数等多个参考指标对欧洲云杉同龄林进行了模拟经营，主要经营措施是择伐劣质的优势或亚优势木，最终发现模拟经营能够使得林分状态得到优化。Kint（2005）充分考虑了聚集指数、分隔指数和混交度等空间结构指数，以林分空间结构最优为调整目标，通过模拟经营将欧洲赤松老龄林逐步改造为阔叶混交林，最终使该林分空间结构得到显著改善。汤孟平等（2004b）突破功能优化模型的建模思想，提出了林分择伐空间结构优化模型，其采用蒙特卡罗算法在吉林汪清林业局金沟岭林场的模拟实例表明，该方法能够得到具有空间位置信息的最优采伐方案。Martin-Fernandez 和 Garcia-Abril（2005）探讨了林分尺度上森林近自然经营的优化采伐问题，该研究中的约束条件包括森林覆盖率、生物多样性和更新能力，经过模拟规划后，林分的经济价值增长到 321.32 美元/hm^2，同时使径阶分布更加合理。李建军等（2013）从树种混交、种内种间竞争、空间分布格局、垂直结构 4 个方面建立了洞庭湖水源林健康经营和林分多目标空间优化模型，应用改进的群智能粒子群算法求解林分空间结构优化模型，并根据模型输出的目标树种空间结构单元制定出有针对性的采伐补植经营策略与计划。曹旭鹏等（2013）以洞庭湖湿地为研究对象，选择混交度、林层指数、开阔指数等 7 个空间结构指数构建了理想空间结构多目标模型，并进一步比较了理想林分与现实林分的区别。

林分模拟经营技术往往需要优化算法的支持。优化算法是以数学为基础，用于求解各种工程问题优化解的应用技术，它是一种搜索过程或规则，基于某种思想和机制，针对某一特定问题通过一定的途径或规则来得到令人满意的解（王凌，2001）。现阶段，森林规划模型求解方法主要有精确式算法和启发式算法两大类。启发式算法中应用比较广泛的是蒙特卡罗算法、模拟退火算法、遗传算法、禁忌搜索算法。本书主要采用蒙特卡罗算法获得最优经营方案。

1.3 次生林更新维持研究

森林更新是森林生态系统动态发展中的自然生态学过程，森林生态系统自我繁衍和恢复，也是维持森林动态稳定与可持续利用的基础（刘兵兵等，2019）。在天然更新的过程中，以木本植物为主的种群在时间和空间上不断延续、发展或发生演替，对未来的森林群落组成、演替格局及生物多样性等影响深远（郑玉莹，2018）。天然更新的周期较长，在种子形成、种子扩散、种子储存与萌发、幼苗建立与生长的任何一个阶段，植物都会受到自身特性和外界环境的影响。种子扩散和幼苗建立、生长是天然更新的两个重要阶段，是植物生活史中最敏感和脆弱的时期，也是未来群落组成和结构的决定性因素（闫琰，2016）。

1.3.1 种子扩散

种子扩散是森林天然更新过程中的重要环节，不同植被类型的种子在形状、大小和重量等方面各不相同，种子特征反映了不同物种所采取的更新方式不同，种子在传播过程中受到多种生物和非生物因素的影响。Flores 等（2006）使用零膨胀模型模拟了干扰、立地条件、光和同种母树距离对种子散布及幼树分布的影响，得出同种母树距离对幼树分布的影响因种子散播方式而异的结论。

1.3.2 幼苗建立

幼苗建立是森林天然更新的关键步骤，赵总等（2018）使用多元回归分析对红椎（*Castanopsis hystrix*）人工林、针阔人工混交林及马尾松人工林中的红椎天然更新影响因子进行了研究，认为林分中凋落物层厚度、草本盖度与红椎幼苗建立呈显著负相关关系。任学敏等（2019）使用多元线性逐步回归探索了地形因子和土壤因子对太白山锐齿槲栎林乔木更新的影响，认为较凉爽湿润坡向、坡度平缓、土壤全 P 和有机质含量低的生境有利于幼苗建立。

1.3.3 幼苗生长和存活

幼苗、幼树的生长和存活是众多生态学家研究的热点。Ramirez 等（2019）使用三个常用的数据库 CAB Abstract、Web of Science 和 Scopus，研究了 433 篇文献中有蹄类动物对森林天然更新的影响，认为有蹄类动物在 70%的评价实例中呈现消极影响。姚杰等（2019）基于温室实验控制，研究了幼苗密度、幼苗与母树或成树间的距离对阔叶红松林幼苗生长的影响，以及距离和密度对温带森林幼苗生长和生物量积累的影响。Guo 等（2008）使用白桦次生林、云冷杉混交次生林和云冷杉混交原始林 3 种林分类型数据，定义了长白山地区森林的 3 种不同演替阶段，研究了长白山地区 3 种演替阶段的森林结构和天然更新动态，认为控制树冠大小可以减小树木的生理压力，促进幼苗、幼树生长。

2 大兴安岭地区概况

大兴安岭地区是我国寒温带明亮针叶林分布区，本书以大兴安岭地区主要森林类型（白桦林、针阔混交林、针叶混交林、落叶松林等）为研究对象，对其森林更新状况进行研究。本书的研究区自北向南分别为新林林业局翠岗林场、新林林场，松岭林业局壮志林场，塔河林业局盘古林场。其中翠岗林场为大兴安岭地区施业区面积最大的林场，壮志林场为松岭林业局施业区面积最大的林场，本研究所选取的数据可以很好地代表大兴安岭地区森林天然更新和植被分布规律，下文对研究区域进行详细介绍和说明。

2.1 地 理 位 置

翠岗林场（51°38′N～51°47′N，124°5′E～124°30′E）始建于 1967 年，该林场位于大兴安岭新林区东北部，属新林林业局管辖，距新林区政府约 50km，距大兴安岭地区加格达奇约 230km。该林场与翠岗镇实行"政企合一"，处于大兴安岭伊勒呼里山的东北坡，施业区总面积 160 101hm²，镇域面积 9km²。在地理位置上，该林场北与塔尔根林场接壤，南与碧洲林场相邻。该林场海拔为 400～858m，平均海拔 600m 左右，地势较为平缓，大部分坡度在 6°以下（韩敏等，2019；邢晖，2014）。

新林林场（51°20′N～52°10′N，123°41′E～125°25′E）始建于 1967 年，该林场地处黑龙江省西北部，和翠岗林场同属新林林业局管辖，两林场距离约 50km，新林林场距大兴安岭地区加格达奇约 180km，施业区总面积 143 926hm²。在地理位置上，新林林场东接韩家园子、十八站林业局，西邻呼中国家级自然保护区，南与松岭林业局接壤，北邻塔河林业局。新林林场地貌以低山为主，该林场海拔在 1000m 以下，地形呈西南高东北低的态势，坡度在 15°以内的缓坡占总体的 80%以上（王智勇，2019）。

壮志林场（50°58′N～51°23N，123°29′E～124°18′E）始建于 1965 年，该林场位于大兴安岭松岭区西北端，属松岭林业局管辖，该林场处于大兴安岭伊勒呼里山的南坡，施业区总面积 131 403hm²。在地理位置上，该林场东邻南瓮河林业局，南靠大杨气镇，西与内蒙古自治区鄂伦春自治旗接壤，北接新天林场。该林场海拔为 600～1000m，该林场内除了山峰顶部区域呈圆弧状较平稳外，大部分山体坡度较大，最大可达到 30°以上（朱世兵，2009；王爽，2014）。

从分布区域上看，新林林场和翠岗林场位于黑龙江大兴安岭中部，壮志林场位于黑龙江大兴安岭南部。此外，翠岗林场和新林林场同属新林区管辖，且距离较近，在气候、地势、地形、土壤、植被特征等方面的差异极小，因此我们取新林区的各项自然概况进行以下阐述。

2.2　气　候　条　件

新林区属寒温带大陆性季风气候，年平均气温为-2.6℃，最低气温达到-50.1℃，最高气温达到 37.9℃，春秋两季日较差大。年平均降水量为513.9mm，降水主要集中在 7~8 月。全年冻结期约为 7 个月，结冰一般从 9 月末开始，终冻在翌年 4 月末，但是不稳定，极端天气条件下，终冻期从 5 月中旬开始。初霜出现在 8 月末，无霜期平均 90 天左右。新林区主导风向为西南风，受伊勒呼里山的影响，北部多为山谷风，北部林场季风性明显，夏季受太平洋暖风的影响，多为东南风，冬季受西伯利亚寒流的控制，冬季寒冷而漫长，多为北风或西北风，且风力较大（邢晖，2014；李红振，2014）。

壮志林场属寒温带大陆性季风气候，年平均气温为-3℃，最低气温达到-47.4℃，最高气温达到 32℃。年平均降水量为 458.3mm，降水主要集中在 6~8月，初雪在 9 月初，终雪在翌年 5 月下旬。无霜期 80~100 天。该林场春秋两季常见西南风和西北风，夏季常见东南风，冬季常见西北风（朱世兵，2009）。

2.3　水系与土壤

新林区河谷密集，塔哈尔河自伊勒呼里山北坡流经新林区全境至塔河县附近流入呼玛河，其支流塔河贯穿全区南北，是全区最大的河流。壮志林场是多布库尔河发源地，该林场水系为嫩江水系。

新林区土壤多为棕色森林土，有草甸暗棕壤和白浆化暗棕壤 2 个亚类。壮志林场主要土壤为棕色针叶林土，分为典型棕色针叶林土、表浅棕色针叶林土、生草棕色针叶林土和灰化棕色针叶林土 4 个亚类，各亚类分布区域存在差异。

2.4　森　林　资　源

大兴安岭地区是我国重要的木材生产基地，也是东北地区农牧业高产、稳产的天然生态屏障。盘古林场总面积 15.2 万 hm²，林业用地面积 12.3 万 hm²，总蓄积 844 万 m³，森林覆盖率 88.86%，其中天然林面积 11.9 万 hm²，蓄积 839 万 m³，主要以落叶松①（*Larix gmelinii*）、白桦（*Betula platyphylla*）、樟子松（*Pinus sylvestris* var. *mongolica*）等为主，还有少量的红皮云杉（*Picea koraiensis*）、蒙古栎（*Quercus mongolica*）、山杨（*Populus davidiana*）等；人工林面积 0.181 万 hm²，蓄积 5.48 万 m³，主要以兴安落叶松为主，还有少量樟子松。此外，研究区域还有丰富的灌草植被，结合 2009 年森林资源二类调查数据和典型样地调查数据，共发现灌木 19 种（表 2-1），草本 16 种（表 2-2）。研究区域林下非木质林产品资源极为丰富，其中蓝莓（*Semen trigonellae*）、红豆树（*Ormosia hosiei*）以及黑木耳（*Auricularia auricula*）等已经形成了集采摘、栽培、开发和利用于一体的产业发展规模，此外，该地区的偃松（*Pinus pumila*）、双孢蘑菇（*Agaricus campestris*）等也具有很好的发展前景。

表 2-1　研究区域主要灌木

编码	名称	编码	名称
1	杜鹃 *Rhododendron simsii*	11	珍珠梅 *Sorbaria kirilowii*
2	山刺玫 *Rosa davurica*	12	兴安柳 *Salix hsinganica*
3	绣线菊 *Spiraea salicifolia*	13	细叶沼柳 *Salix rosmarinifolia*
4	柴桦 *Betula fruticose*	14	稠李 *Prunus padus*
5	蓝莓 *Semen trigonellae*	15	花楸 *Sorbus pohuashmnensis*
6	华榛 *Corylus chinensis*	16	山楂 *Crataegus pinnatifida*
7	辽东桤木 *Alnus sibirica*	17	杜香 *Ledum palustre*
8	偃松 *Pinus pumila*	18	接骨木 *Sambucus williamsii*
9	红瑞木 *Swida alba*	19	胡枝子 *Lespedeza bicolor*
10	金老梅 *Potentilla fruticosa*		

表 2-2　研究区域主要草本

编码	名称	编码	名称
1	越橘 *Vaccinium vitis-idaea*	9	鹿蹄草 *Pyrola rotundifolia*
2	草地早熟禾 *Poa pratensis*	10	北重楼 *Paris verticillata*
3	东方草莓 *Fragaria orientalis*	11	北野豌豆 *Vicia ramuliflora*
4	三穗薹草 *Carex tristachya*	12	莴苣 *Lactuca sativa*
5	问荆 *Equisetum arvense*	13	地榆 *Sanguisorba officinalis*
6	舞鹤草 *Maianthemum bifolium*	14	轮叶贝母 *Fritillaria maximowiczii*
7	山莓 *Rubus corchorifolius*	15	柳兰 *Epilobium angustifolium*
8	缬草 *Valeriana officinalis*	16	蚊子草 *Filipendula palmata*

林区内还有原麝（*Moschus moschiferus*）、美洲驼鹿（*Alces americanus*）、紫貂（*Martes zibellina*）、貂熊（*Gulo gulo*）、黑嘴松鸡（*Tetrao parvirostris*）等极度濒危野生动物，以及钻天柳（*Chosenia arbutifolia*）、岩高兰（*Empetrum nigrum*）、刺虎耳草（*Saxifraga bronchialis*）、西伯利亚五针松（*Pinus sibirica*）

---

① 落叶松也称兴安落叶松。

等极小种群的植物物种，区域内物种多样性较高，具有重要保护价值。

2.5 经 营 历 史

大兴安岭是我国东北地区重要的天然生态屏障，在国家生态战略布局中具有重要地位。但该地区森林资源的开发利用较早，森林质量严重下降、可采资源枯竭，林分幼龄化、结构简单化、森林岛状斑块化趋势加剧，整个森林生态系统呈现出"林分稀疏、林龄小、有效生长量低、材质劣、生态功能差"的特点。具体表现为：①单位面积蓄积低，有林地单位面积蓄积仅为 78.62m³/hm²，低于黑龙江省平均水平（79.53m³/hm²），更远低于全国平均水平（85.88m³/hm²）；②林龄结构不合理，全区中幼龄林面积占全区森林总面积的 81.1%，蓄积占总蓄积的 78.4%，急需进行抚育改造的中幼龄林面积达 10 万 hm²；③缺乏优势树种，研究区域的顶级群落天然落叶松林已遭到多次严重破坏，现存天然落叶松过伐林面积仅占 26.79%，多数已严重退化为天然白桦次生林（17.97%）、阔叶混交林（2.37%）和针阔混交林（29.62%）；④林种结构不合理，由于严重的人为干扰和自然干扰，全区典型的原始落叶松林已逐渐退化为大面积的白桦次生林、针阔混交林和阔叶混交林，目的树种的优势地位和生态功能逐渐降低。

随着我国天然林保护工程的实施，原有森林资源的采伐逐渐受到了限制，要求限量采伐木材且限制额度逐年增大，林场的收益逐渐萎缩，为了应对这种情况，盘古林场积极推动经济结构和产业结构调整，大力发展替代产业、个体私营经济和自营经济，改善经济发展环境，营造良好的投资环境，开展林下非木质林产品的采摘、栽培、开发与利用等项目。盘古林场的非木质林产品资源非常丰富，可直接获得经济效益的资源主要有野果、菌类和药材，野果主要有蓝莓和红豆，可加工成饮料、果酱，菌类主要有蘑菇、木耳等，药材主要有黄芪、五味子、沙参、桔梗和草苁蓉，不管是野果、菌类还是药材都是纯天然的在市面上的收购价格也相对较高。夏季入山采摘已成为盘古居民的主要经济来源。

2011 年，国家林业局（现为国家林业和草原局）开展了中幼龄林抚育项目，盘古林场被选为项目示范试点，开展了 592.88hm² 的中幼龄林的抚育间伐经营，按株数进行采伐则采伐强度设置在 5%～15%，按蓄积进行采伐则采伐强度设置在 3%～10%。此外，国家林业局下发的《关于切实做好全面停止商业性采伐试点工作的通知》（林资发〔2014〕3 号），要求自 2014 年 4 月 1 日起黑龙江大小兴安岭天然林全面停止有林区的天然林商业性采伐，林区开始进入全面休养生息阶段。

3 天然次生林林分结构与更新特征

森林结构有两个重要维度：林木的类型、数量、大小以及这些元素在空间上的排列方式。林木的类型、数量及大小等统计信息构成了林分的非空间信息，这些统计信息在空间上的排列方式构成了林分的空间信息。林分空间格局在多尺度物种之间的相互作用如竞争、协同促进，以及种群演替过程如森林天然更新和林木自疏过程（Kenkel，1988）中形成。同时，森林群落格局和生态过程相互影响（Turner，1989），如林木的邻近效应影响树种建立、生长，树冠形成和扩展（Stiell，1982）以及林木枯损（Das *et al.*，2011）。林木格局是林木结构的重要组成部分，是林木属性数学语言描述的一次重要突破，是林木非空间属性基于林分二维空间点的特征描述。森林更新是森林生态系统动态发展中的自然生态学过程，森林生态系统的自我繁衍和恢复，也是维持森林动态稳定与可持续利用的基础（刘兵兵等，2019）。在天然更新过程中，以木本植物为主的种群在时间和空间上不断延续、发展或演替，对未来的森林群落组成、演替格局及生物多样性等影响深远（郑玉莹，2018）。本章以大兴安岭地区典型林分类型为例，分析该地区林分结构和更新特征，揭示资源现状并为后续森林经营提供依据。

3.1 林分非空间结构及其特征

树种多样性是森林生态系统在物种尺度上的生物多样性，包括树种数与各树种的比例。在传统森林经营中，树种多样性常用树种组成式表示。树种组成式的优点是可以同时反映林分中所包含的树种及各树种的比例。缺点是树种组成式仅为一个文字表达式，不便于进行林分间树种多样性的定量分析与比较。林分株数密度能够简单且直观地反映林分内树木的拥挤程度。树种组成指数（Z）是反映林分树种多样性的定量指标，计算公式如下：

$$Z = -\sum_{i=1}^{n} p_i \lg p_i \qquad (3\text{-}1)$$

式中，Z 为树种组成指数；n 为树种个数；p_i 为第 i 树种蓄积比例；$\lg$ 为以 10 为底的对数。

2017 年、2018 年 7～8 月在新林林业局翠岗林场选取处于不同坡向、坡位的典型天然落叶松林、天然白桦林、天然落叶松白桦混交林（以下简称落白混交林）和阔叶混交林等林型设置固定样地 59 块，面积最小为 0.06hm² （20m×30m），最大为 1.00hm² （100m×100m）。调查时，采用皮尺将样地划分成 6 个 10m×10m 的小样方作为调查单元。胸径（DBH）5cm 及以上林木为乔木层，记录每木树种、状态、胸径、树高、冠幅及位置坐标等信息；胸径 5cm 以下为更新层，调查所有个体的树种、状态、地径、胸径、树高、位置、更新方式（实生和萌生）。同时，在样地中心设置 5m×5m 样方进行灌木调查，而在样地四角设置 1m×1m 样方进行草本调查。各林型样地基本信息统计特征如表 3-1 所示。

表 3-1　新林林业局翠岗林场样地基本概况

样地	面积（hm²）	年份	林型	地形			
				海拔（m）	坡度	坡向	坡位
LB-01	0.1	2018	落叶松林	470.5	平	北	中
LB-02	0.1	2018	落叶松林	461.5	平	北	中
LB-03	0.1	2018	落白混交林	492.1	缓	东北	中
LB-04	0.1	2018	落白混交林	536.7	缓	东北	上
LB-05	0.1	2018	白桦林	517.7	斜	东	中
LB-06	0.1	2018	落白混交林	515.5	斜	东	下
LB-07	0.1	2018	落叶松林	524.4	斜	东北	中
LB-08	0.1	2018	落叶松林	507.8	缓	东北	中
LB-09	0.1	2018	针阔混交林	431.2	平	东	中
LB-10	0.1	2018	落白混交林	439.6	平	东	中
LB-11	0.1	2018	白桦林	538.9	平	东	中
LB-12	0.1	2018	白桦林	489.3	平	东	中
L-01	0.1	2018	落叶松林	424.6	平	西北	中
L-02	0.1	2018	落叶松林	457.1	平	西北	中
L-03	0.1	2018	阔叶混交林	475.8	平	北	中
L-04	0.1	2018	白桦林	476.6	平	北	中
L-05	0.06	2018	白桦林	449.9	平	北	中
L-06	0.06	2018	阔叶混交林	499.6	缓	北	中
L-07	0.06	2018	阔叶混交林	513	斜	北	中
L-08	0.06	2018	白桦林	465	平	北	中
L-09	0.06	2018	白桦林	660.8	缓	东南	上
L-10	0.06	2018	白桦林	676.3	斜	东南	上
L-11	0.06	2018	白桦林	631	平	东南	上
L-12	0.06	2018	阔叶混交林	470.7	平	北	中
L-13	0.06	2018	白桦林	463.1	平	北	中
L-14	0.06	2018	白桦林	457.1	平	北	中
L-15	0.06	2018	阔叶混交林	525.9	平	东	上

续表

样地	面积（hm²）	年份	林型	地形			
				海拔（m）	坡度	坡向	坡位
BH-01	0.06	2018	阔叶混交林	514.6	缓	东	上
BH-02	0.06	2018	白桦林	512.1	平	东	上
BH-03	0.06	2018	落叶松林	444.5	平	北	中
BH-04	0.06	2018	落叶松林	472	平	北	中
BH-05	0.06	2018	落叶松林	445	平	北	中
BH-06	0.06	2018	落叶松林	475.9	平	北	中
BH-07	0.06	2018	落叶松林	475.7	平	北	中
BH-08	0.06	2018	落叶松林	471.7	平	西北	中
BH-09	0.06	2018	落叶松林	469.9	平	西北	中
BH-10	0.06	2018	落叶松林	475.1	平	西北	中
KH-01	0.06	2018	落叶松林	489.5	平	西北	中
KH-02	0.06	2018	落叶松林	471.7	平	西北	中
KH-03	0.06	2018	落叶松林	587.7	平	西北	上
4004D	0.06	2018	落叶松林	421.5	平	东北	中
4004F	0.06	2018	落叶松林	404	平	东北	中
4104D	0.06	2018	落叶松林	410	平	东	中
4104F	0.06	2018	落叶松林	424.8	平	东北	中
5803D	0.06	2018	落白混交林	416.4	缓	北	中
5803F	0.06	2018	落白混交林	473.5	缓	北	中
5807D	0.06	2018	落白混交林	432.7	平	北	中
5807F	0.06	2018	针阔混交林	452	平	北	中
18604D	0.06	2018	针叶混交林	473	平	北	中
18604F	0.06	2018	落白混交林	441.9	平	北	中
18704D	0.06	2018	落白混交林	519.1	平	北	中
18704F	0.06	2018	落白混交林	516.7	平	北	中
22601D	0.06	2018	落白混交林	482.2	平	北	中
22601F	0.06	2018	落叶松林	507.5	平	西北	中
22604D	0.06	2018	落白混交林	517	平	西	中
22604F	0.06	2018	落白混交林	562.6	平	北	中
L	1.0	2017	落叶松林	457	缓	北	中
BH	1.0	2017	白桦林	566	平	无	中
LB	1.0	2017	落白混交林	546	平	无	中

　　翠岗林场样地树种组成、平均胸径和株数密度统计见表 3-2。以林分类型为组，将固定样地分为落叶松林、落白混交林、白桦林、阔叶混交林、针阔混交林

和针叶混交林共计六大林分类型,各大类林分类型平均胸径、平均树高、株数密度和单位蓄积等统计如表 3-3 所示。由表 3-3 可以看出,六大林分类型之间样本量存在显著差异,其中落叶松林样本量最大,为 23 块样地,针叶混交林和针阔混交林的样本量最小,均为 2 块样地;平均胸径和平均树高差异不显著;株数密度存在显著差异,株数密度最大的为针阔混交林(2480 株/hm²),株数密度最小的为落白混交林(1452 株/hm²);单位蓄积存在显著差异,针阔混交林单位蓄积最大,为 163.3m³/hm²,白桦林最小,为 111.2m³/hm²。

表 3-2　翠岗林场林分非空间特征

样地	面积(hm²)	树种组成	平均胸径(cm)	株数密度(株/hm²)
LB-01	0.1	9 落 1 白	12	1720
LB-02	0.1	7 落 3 白+云+杨	14.1	1350
LB-03	0.1	5 落 5 白-杨	12.5	1520
LB-04	0.1	5 落 5 白	13.5	1370
LB-05	0.1	7 白 3 落	11.5	1700
LB-06	0.1	5 落 5 白-樟-杨	10.1	1950
LB-07	0.1	7 落 2 白 1 云-杨	11.3	1790
LB-08	0.1	9 落 1 白-樟	10	1850
LB-09	0.1	4 落 4 杨 1 白 1 樟	11.6	2480
LB-10	0.1	6 落 2 白 1 樟 1 杨	11.3	1950
LB-11	0.1	9 白 1 落-枫-赤	11.4	1830
LB-12	0.1	9 白 1 落+杨	12.5	1620
L-01	0.1	9 落 1 白	12.6	2860
L-02	0.1	7 落 3 白-赤	15.3	2660
L-03	0.1	6 白 2 落 2 杨	10.9	2230
L-04	0.1	7 白 2 落 1 杨+樟	10	2430
L-05	0.06	7 白 3 落	14.4	1317
L-06	0.06	6 白 2 落 2 杨	11.3	1533
L-07	0.06	5 白 3 杨 2 落	12.6	1283
L-08	0.06	8 白 1 落 1 杨-樟	12.2	1350
L-09	0.06	8 白 1 落 1 樟+杨	12.6	1283
L-10	0.06	7 白 2 樟 1 落-杨	14.9	1433
L-11	0.06	8 白 2 落-赤	13.4	1050
L-12	0.06	5 白 3 落 2 杨+樟	11.2	1900
L-13	0.06	9 白 1 杨+落	12.5	1417
L-14	0.06	10 白	13	1000
L-15	0.06	4 白 3 杨 2 落 1 樟-云	12.6	1333

续表

样地	面积（hm²）	树种组成	平均胸径（cm）	株数密度（株/hm²）
BH-01	0.06	6白3杨1落	12.1	1317
BH-02	0.06	7白2杨1落-云	12.9	1083
BH-03	0.06	8落2白	12.8	1750
BH-04	0.06	9落1白-云	13.9	1817
BH-05	0.06	8落2白-樟	10.3	2000
BH-06	0.06	7落2樟1白	11.8	1350
BH-07	0.06	9落1白	10.3	2000
BH-08	0.06	8落2白+樟	12.5	2500
BH-09	0.06	9落1白	11.6	2483
BH-10	0.06	9落1白	14.5	1350
KH-01	0.06	7落3白	16.1	1167
KH-02	0.06	8落1白1樟+云	11.6	1700
KH-03	0.06	7落2白1樟-云	12	1450
4004D	0.06	9落1白	15.5	1417
4004F	0.06	9落1白-杨	22.2	600
4104D	0.06	10落-白	13.5	1817
4104F	0.06	10落+白	15.5	1633
5803D	0.06	6落3白1云-樟	11.2	1283
5803F	0.06	6落4白	11.6	1400
5807D	0.06	5落5白	14.2	1217
5807F	0.06	5落3白1樟1杨-云	11	1883
18604D	0.06	5落4樟1白-云	11.4	2367
18604F	0.06	5落4白1樟	12.6	1767
18704D	0.06	5落5白	13.3	1200
18704F	0.06	5落5白	13.2	1383
22601D	0.06	5落5白	13.2	1467
22601F	0.06	8落2白	12.7	1833
22604D	0.06	6落4白-柳	13.6	1550
22604F	0.06	5落5白	16.6	883
L	0.6	7落1云1樟1白+杨-柳-蒙-赤	10.4	3041
BH	0.5	9白1落-赤-杨-柳	12.5	1109
LB		6落4白-樟-杨-云-枫-柳-蒙	13.1	1431

注："落"表示落叶松，"白"表示白桦，"樟"表示樟子松，"杨"表示山杨，"赤"表示毛赤杨，"柳"表示山柳，"云"表示云杉，"枫"表示枫桦，"蒙"表示蒙古栎

表 3-3 翠岗林场固定样地统计信息

林分类型	样本量（块）	平均胸径（cm）	平均树高（m）	株数密度（株/hm²）	单位蓄积（m³/hm²）	更新树高≤30cm密度（株/hm²）	30cm<更新树高≤130cm密度（株/hm²）	更新树高>130cm密度（株/hm²）
落白混交林	13	12.8	12.0	1452	120.2	133	637	767
落叶松林	23	13.3	11.6	1777	156.2	43	488	759
白桦林	12	12.6	11.5	1459	111.2	76	344	736
阔叶混交林	4	12.5	11.5	1663	121.8	84	298	685
针叶混交林	2	13.1	11.7	1558	135.8	75	450	493
针阔混交林	2	11.6	12.0	2480	163.3	0	0	2150

3.2 林分空间结构及其特征

全局空间格局分析即样地整体空间格局分析，是指在不考虑研究区局部空间格局差异和特征的前提下，使用空间格局算法对整个研究区进行分析，为求均值的过程，如图 3-1（a）所示。局部空间格局分析是指在考虑研究区局部空间变异的前提下，既考虑研究区全局空间格局分析，也强调研究区局部空间变异，根据某一规则将研究区的林木划分成若干个个体或由多个个体组成的单元，如根据距离、树种的相异程度、所处的径阶和林层等对其进行划分，然后使用空间格局算法进行分析，如图 3-1（b）所示。

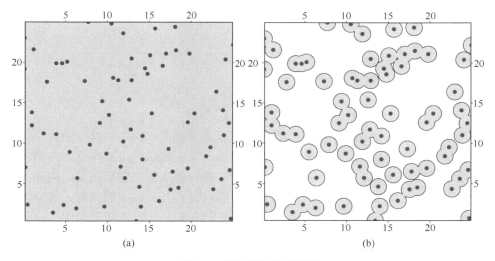

(a) (b)

图 3-1 整体和局部示意图

横纵坐标表示相对距离

3.2.1 Plotkin 集群算法

如图 3-2（a）所示，点 p_i 和点 p_j 是林地上的两个事件点，即 p_i 和 p_j 代表两株林木，u_{ij} 为点 p_i 和 p_j 之间的距离，d 为空间格局分析时的距离尺度，为可变变量，范围从 1 到 n。当给定距离尺度（如 1m）时，则作以林木点为圆心、$d/2$（即 0.5m）为半径的圆，若两点之间的距离 u_{ij} 大于 d，即两个林木点的生成圆相离，则判定两株林木在距离尺度为 1m 的情况下，为单独的个体，二者之间无空间关系。若两点之间的距离 u_{ij} 小于等于 d，即两个林木点的生成圆相接或相交，则在距离尺度为 1m 的情况下，两株林木共同组成了大小为 2 的集群。集群大小表示集群中林木个数。个体定义为在给定距离尺度下，与任何林木点距离都大于给定距离。

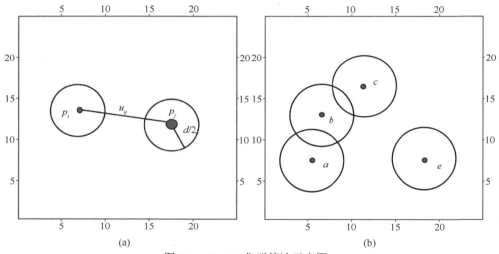

(a)   (b)

图 3-2   Plotkin 集群算法示意图 1
横纵坐标表示相对距离

如图 3-2（b）所示，若在某一距离尺度 d 的情况下，林木点 a 和点 b 之间的距离小于给定距离尺度，则两株林木的生成圆相交，构成了点 a 和点 b 共同组成的集群；林木点 b 和点 c 之间的距离小于 d，两株林木的生成圆相交，构成了点 b 和点 c 共同组成的集群，则点 a、b、c 共同构成了大小为 3 的集群，集群属性可传递。集群类似于空间结构单元的概念，表示在某一给定的距离尺度下，两株或多株林木组成了一个唯一的单元。空间结构单元中的林木既可以是中心木，也可以是邻近木，空间结构参数强调中心木和邻近木的对比关系，而集群则强调同一集群内部和不同集群之间的差异，进一步强调整个林地上林木局部空间格局，即局部林木点聚集分布还是随机分布，如图 3-1（b）所示。集群内部也可以强调林木树种、林层、胸径大小的分化程度。

在不同的距离尺度下，林木集群属性会发生显著变化，如图 3-3（a）所示，随着距离尺度的增加（由 0 到 n），属于个体的两个林木点 p_i 和 p_j 组成了大小为 2 的集群。进一步，当距离增加到足够大时，样地中的所有林木变为同一个集群，集群的个数变为 1，如图 3-3（b）所示。集群大小表示集群内部林木的个数，集群大小可能为 1，2，…，n（集群为 1 即指个体），而集群个数则表示研究区内有多少个集群。在不同的距离尺度下，集群个数和集群大小不同，相同大小集群的株数比例也不相同，相同大小集群表示两个集群的大小相同，例如 3，表示两个或多个集群的大小都为 3，都由 3 株林木构成，相同大小集群株数比例表示集群为 3 的林木株数占林木总株数的比例。

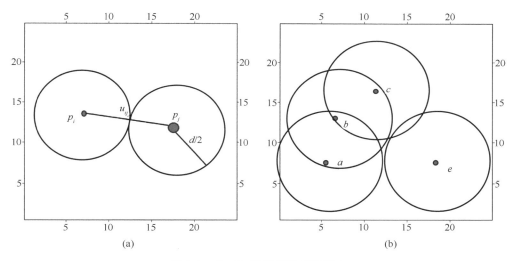

图 3-3　Plotkin 集群算法示意图 2
横纵坐标表示相对距离

3.2.2　Larson 空间格局

在进行空间格局分析时，Plotkin 等（2002）的集群算法提供了不同距离尺度下的集群信息，包括集群个数、集群大小以及集群内部树种组成和胸径等信息。定量分析的目的在于定量化调控，在进行空间格局分析及优化时，需要确定集群分析的距离尺度，从而进一步分析确定距离尺度下的空间格局信息。Larson 和 Churchill（2012）在 Plotkin 集群算法的基础上，将林木树冠相接或相交的距离作为林分空间格局分析时的距离，定义过程和相关名词解释如下。

在现实林地中，树冠相接或相交真实存在，众多生态学家将树冠相接或相交的林木定义为集群。将两株树冠相接或相交的林木定义为大小为 2 的集群，树冠相接或相交与林木点生成圆的相接或相交一致，具有传递性，即（ab、bc）→abc，树冠半径则对应了 d/2，即给定距离的一半。林地中所有基于树冠相接组成的集群，构成了整个林地的空间格局，使用这些信息可以真实地反映林地的集群分布状况。但在实际测定过程中，树冠半径值为东西南北四个方向的均值，存在一定误差，完全使用树冠半径作为定义空间集群的距离存在误差，真实林地中的树冠半径值是一个变量，而空间格局分析时的距离是给定的。但林木坐标值为真值，不存在误差。

在某一给定距离尺度下，林地中集群个数、集群大小以及相同大小集群的株数比例是确定的，同样基于树冠相接或相交定义下的集群个数、集群大小及相同大小集群株数比例也是确定的，将最接近树冠相接或相交定义下的空间属性的距离作为林分空间格局分析的距离，可以近似地反映林地中的真实集群状况。故本章先通过计算得到不同距离尺度下的空间格局信息，然后计算树冠半径距离下的集群个数、集群大小及相同大小集群的株数比例，选择最接近树冠半径距离下林木空间属性时的距离尺度作为空间格局分析时的距离。本节空间格局分析以2017年新林林业局翠岗林场固定样地调查数据为例。

由于白桦林（BH）、落白混交林（BL）和落叶松林（L）林分株数密度较大，分别为 1045 株/hm²、1400 株/hm² 和 2335 株/hm²，故本节以 0.5m 为距离间隔，使用 Plotkin 集群算法对 3 种林分类型上层乔木进行空间集群分析。如表 3-4～表 3-6 所示，最大集群表示固定距离尺度下，最大集群所包含林木的株数。

表 3-4　白桦林上层乔木空间集群分析

距离尺度（m）	集群大小（集群中林木的株数）										最大集群
	1	2	3	4	5	6	7	8	9	10	
0.5	1022	10	1	0	0	0	0	0	0	0	3
1	887	68	6	1	0	0	0	0	0	0	4
1.5	602	146	34	8	2	0	1	0	0	0	7
2	329	121	67	26	10	8	5	1	2	1	10
2.5	151	61	45	18	9	9	8	3	7	5	30
3	71	24	19	7	5	4	2	3	5	6	108
3.5	26	9	5	1	1	1	0	1	0	3	197
4	12	3	3	2	1	1	1	0	0	1	249
4.5	8	2	1	2	0	0	0	0	0	1	276
5	5	0	1	0	0	0	0	0	0	0	288
5.5	2	0	0	0	0	0	0	0	0	0	1043
6	1	0	0	0	0	0	0	0	0	0	1044
6.5	0	0	0	0	0	0	0	0	0	0	1045

表 3-5　落白混交林上层乔木空间集群分析

距离尺度（m）	集群大小（集群中林木的株数）										最大集群
	1	2	3	4	5	6	7	8	9	10	
0.5	1378	11	0	0	0	0	0	0	0	0	2
1	1074	127	20	3	0	0	0	0	0	0	4
1.5	544	175	66	24	14	7	2	2	2	1	15
2	207	94	49	18	17	15	8	7	10	1	104
2.5	83	34	22	8	17	7	9	6	3	2	167
3	27	11	6	5	7	5	3	0	0	0	435
3.5	15	2	3	1	2	4	0	0	1	1	616
4	9	0	0	0	1	1	0	0	0	0	678
4.5	5	0	0	0	1	0	0	0	0	0	713
5	1	0	0	0	1	0	0	0	0	0	1394
5.5	0	0	0	0	0	0	0	0	0	0	1400

表 3-6　落叶松林上层乔木空间集群分析

距离尺度（m）	集群大小（集群中林木的株数）										最大集群
	1	2	3	4	5	6	7	8	9	10	
0.5	2222	49	5	0	0	0	0	0	0	0	3
1	1357	262	91	25	4	6	1	1	0	1	5
1.5	507	175	85	41	23	17	16	9	16	8	28
2	145	49	24	16	14	13	15	8	6	1	296
2.5	31	23	9	3	1	1	2	1	2	2	1422
3	11	7	3	2	0	0	0	0	0	0	2279
3.5	1	1	0	1	0	0	0	0	0	0	2328
4	0	0	0	0	0	0	0	0	0	0	2335

由表 3-4～表 3-6 可知，随着距离尺度不断增加，个体和小集群，如大小为 2 的集群数量逐渐下降，大集群的数量逐渐上升，最终整块样地的林木变为同一个集群。BH、BL 和 L 变为同一个集群的距离分别为 6.5m、5.5m 和 4m，依次减小，反映了 3 种林分类型株数密度逐渐增加。将大于 10 的集群定义为 10+集群，如图 3-4（a）所示，3 种林分类型样地 10+集群随着距离尺度的增加，均呈现先上升后下降的趋势，最后变为同一个集群，反映了随着距离尺度的增加，集群个数先增加后减少，处于集群分布状态的林木数量不断上升，BH、BL 和 L 中 10+集群个数最多对应的距离尺度分别为 3m、2.5m 和 2m。距离尺度为 2m 时，L 中 10+集群个数显著上升，而当距离尺度为 2.5m 时，BL 中 10+集群个数显著上升。不同林分的 10+集群个数存在明显差异[图 3-4（b）]，其排序依次为 L（1167）>BL（523）>BH（321 个）。

3.2.2.1　空间格局距离

以树冠东南西北 4 个方向的平均值为树冠半径，以树冠半径为距离，使用

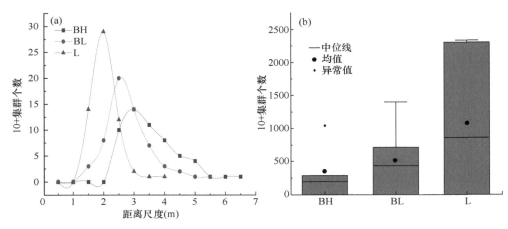

图 3-4　不同林分类型不同距离尺度下 10+集群个数

Plotkin 集群算法对 3 种林分类型分别进行空间格局分析，如图 3-5 所示。分析树冠半径和不同距离尺度下集群个数、集群大小及相同大小集群株数比例之间的差异，选取与树冠半径距离下集群个数、集群大小及相同大小集群株数比例分布最相近的距离，作为空间优化时的距离尺度。3 种林分类型的株数密度不同，空间格局分析是对现实林地分布状态的真实描述，分析结果应该反映现实林地的真实空间格局状况，不同林分类型树冠半径分布不同，应分别选定距离尺度。

如图 3-5 所示，计算得 BH、BL 和 L 选定距离尺度分别为 2.5m、3m 和 2.5m。对于 BH，集群大小为 3 时，在 2.5m 距离尺度下集群株数比例为 13%，在树冠半径距离尺度下集群株数比例为 11%，2.5m 距离尺度较树冠半径距离尺度在集群株数比例曲线上有一个跃升趋势，但总体趋势和树冠半径距离尺度下的一致，白桦林在 2.5m 距离尺度下可以较好地描述树冠半径距离尺度的集群大小分布。BL 和 L 的选定距离分别为 3m 和 2.5m，集群大小分布和相同大小集群株数比例曲线大体一致。故 3 种林分类型空间格局分析的距离尺度分别为 2.5m、3m 和 2.5m。

3.2.2.2　集群内特征值

空间集群分析距离尺度确定后，对 BH 和 BL 同一集群中的树种组成和胸径进行分析，如图 3-6、图 3-7 所示，BH 中落叶松主要分布在大小为 11、10 和 8 的集群中，株数比例分别为 27%、16%和 13%。处于个体分布的落叶松株数比例为 9%。在 BL 中，集群大小为 23 时，落叶松株数比例最大，为 83%，集群大小为 12 时，落叶松株数比例最小，为 7%。在 BH 中，最大集群为 30，在 BL 中，最大集群为 435。在 BH 中，山杨等其他阔叶树种株数占样地总株数比例为

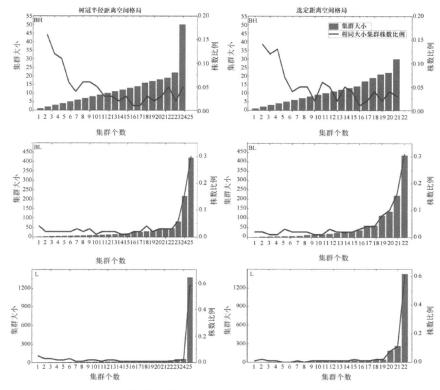

图 3-5　不同林分类型树冠半径距离和选定距离空间格局信息

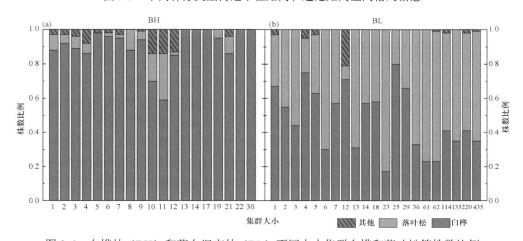

图 3-6　白桦林（BH）和落白混交林（BL）不同大小集群白桦和落叶松等株数比例

4%；在 BL 中，山杨有 6 株，樟子松有 8 株，云杉有 2 株，这些树种株数占样地总株数比例为 1%，未对其进行分析。

如图 3-7 所示，在 BH 中，落叶松胸径比例在大小为 11、10 和 2 的集群中较大，分别为 30%、10% 和 9%，在个体分布中，落叶松胸径比例为 9%。在 BL 中，落叶松胸径比例在大小为 23 的集群中最大，为 86%，在大小为 4 的集群中最小，为 14%，在个体分布中，落叶松胸径比例为 30%。在 BH 中，山杨等其他阔叶树种胸径比例占样地总胸径比例的 3%，且均为非主要经营树种；在 BL 中，山杨、樟子松和云杉胸径比例占样地总胸径比例的 1%，未对其进行分析。

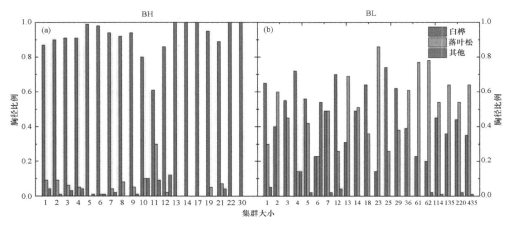

图 3-7 白桦林和落白混交林中不同大小集群中白桦和落叶松等胸径比例
（彩图请扫封底二维码）

3.3 林分更新特征

根据《大兴安岭更新造林技术指标》（DB 2327/T010—2012），将株高（H）≤30cm 的天然更新划定为幼苗；30cm<H≤130cm 且胸径（DBH）<5cm 划定为幼树；H>130cm 且 DBH<5cm 划定为小树。将天然更新中的干枯、断头等不健康的林木剔除，白桦林、落白混交林及以落叶松为主的针叶混交林天然更新如表 3-7 所示。从表 3-7 各更新层统计数据可以看出，3 种林分类型中幼树株数密度和小树株数密度显著大于幼苗株数密度；但林分总更新株数密度仍仅集中在 1000～2200 株/hm²，根据《国家森林资源连续清查技术规定》（林资发〔2004〕25 号），该地区森林天然更新能力整体较弱，急需采取积极的人为干预措施以促进森林的更新，以便维持森林的可持续性。

对 2018 年收集的 56 块固定样地数据中更新树木的各大小级及整体的株数密度、丰富度指数、Simpson 指数和 Shannon-Wiener 指数与林分因子、地形因子、土壤因子等进行相关性分析（图 3-8）。结果表明，对各更新等级株数密度而言，

表 3-7　大兴安岭主要林分类型幼苗、幼树和小树更新统计

林分类型	树种	幼苗					幼树					小树				
		地径(mm)	树高(cm)	平均年龄(年)	年龄范围(年)	计数(株)	地径(mm)	树高(cm)	平均年龄(年)	年龄范围(年)	计数(株)	地径(mm)	树高(cm)	平均年龄(年)	年龄范围(年)	计数(株)
落白混交林	白	2.25	22.1	1.3	1~2	8	5.41	67.5	3	1~9	51	24.65	276	10.3	3~33	52
	落	2.86	16.8	2	2	4	12.25	87.4	6.1	2~12	45	31.65	305.2	15.4	7~30	58
	杨	5.86	20.5	2	1~3	2	8.66	93.3	3.7	1~10	227	15.35	184.8	6.9	3~15	391
落叶松林	落	3.56	22.1	1.9	1~3	10	12.23	89.3	5.6	1~11	298	40.97	363.2	15.7	5~32	623
	云	2.36	15.4	1.9	1~5	547	11.87	73.7	7.1	2~15	682	33.8	225.7	16.6	6~31	277
	白	1.87	19.5	1.3	1~2	6	6.96	84.8	3.7	1~8	138	25.78	321.3	11.6	3~31	203
	樟	2.24	16.5	1.7	1~4	44	7.31	70	4.8	1~11	91	38.75	398	19.2	7~35	33
	杨						6.68	78.7	3.5	1~7	15	21.99	290.8	9.6	3~22	41
	柳	2.57	23.5	1	1	2	8.19	76.8	3	1~6	64	16.67	202.7	6.6	3~12	38
	柞	1.8	14.5	1.2	1~2	21	4.74	35	3	3	1					
白桦林	白	3.03	19.3	1	1	64	8.11	85	3.3	1~9	222	19.07	236.8	8.1	3~23	430
	落	3.09	24	2	2	1	11.2	101.3	7.3	3~11	53	27.02	247.3	13	7~26	170
	杨						10.51	103	3.5	1~7	204	19.48	218.8	6.7	3~20	1020

注: 白、落、云、樟、杨、柳、柞分别表示白桦、落叶松、云杉、樟子松、杨树、柳树和柞树

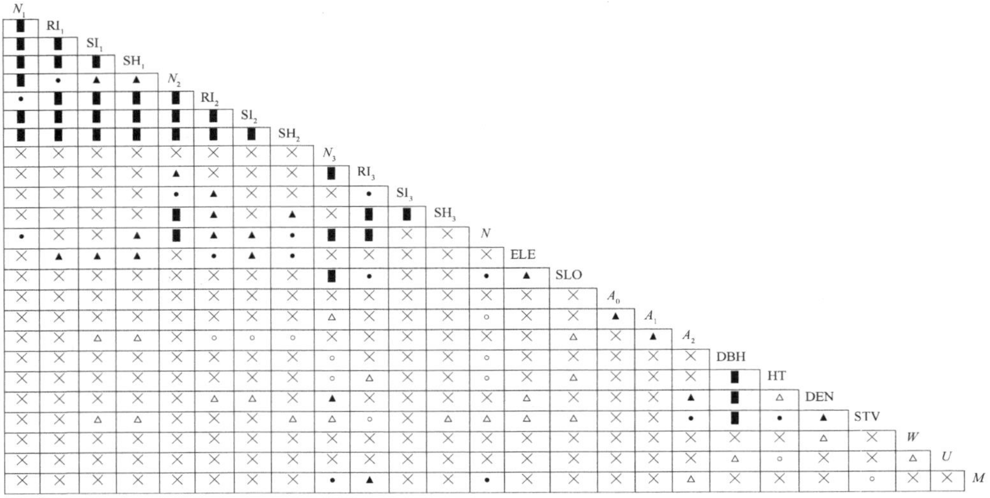

图 3-8　大兴安岭森林更新特征（株数密度、多样性）与林分、地形因子的相关性

正相关：■ $P<0.001$，● $P<0.01$，▲ $P<0.05$；负相关：□ $P<0.001$，○ $P<0.01$，△ $P<0.05$；不相关× $P>0.05$。N_1. 幼苗株数密度，RI_1. 幼苗丰富度指数，SI_1. 幼苗 Simpson 指数，SH_1. 幼苗 Shannon-Wiener 指数；N_2. 幼树株数密度，RI_2. 幼树丰富度指数，SI_2. 幼树 Simpson 指数，SH_2. 幼树 Shannon-Wiener 指数；N_3. 小树株数密度，RI_3. 小树丰富度指数，SI_3. 小树 Simpson 指数，SH_3. 小树 Shannon-Wiener 指数；N. 更新层总株数密度，ELE. 海拔，SLO. 坡度，A_0、A_1、A_2 分别为 A_0 层、A_1 层、A_2 层土壤厚度，DBH. 林分平均胸径，HT. 林分平均树高，DEN. 林分株数密度，STV. 林分蓄积，W、U、M 分别为林分角尺度、大小比、混交度

N_1 和 N_2 与林分、地形因子均不相关，但 N_3 与 SLO（$P<0.001$）、DEN（$P<0.05$）和 M（$P<0.01$）呈正相关关系，而与 DBH（$P<0.01$）、HT（$P<0.01$）、A_1（$P<0.05$）、STV（$P<0.05$）呈负相关关系。对更新树种丰富度指数而言，RI_1 与 ELE（$P<0.05$）显著负相关；RI_2 与 ELE（$P<0.01$）、A_2（$P<0.01$）和 DEN（$P<0.05$）存在负相关关系；而 RI_3 与各变量间的关系则较为复杂，其中 RI_3 与 SLO（$P<0.01$）和 M（$P<0.05$）正相关，而与 HT（$P<0.01$）和 STV（$P<0.05$）负相关。对更新树种 Simpson 指数而言，SI_1 与 ELE 显著正相关（$P<0.05$），而与 A_2 和 STV 显著负相关（$P<0.05$）；SI_2 与 ELE 显著正相关（$P<0.05$），而与 A_2（$P<0.01$）和 DEN（$P<0.05$）显著负相关；SI_3 与林分、地形因子均不相关。对更新树种 Shannon-Wiener 指数而言，SH_1 和 SH_2 与 ELE 是显著正相关，与 A_2 和 STV 显著负相关，但显著性水平略有差异；SH_3 仅与 STV 显著负相关（$P<0.05$）。上述分析整体表明，高海拔地区能够促进幼苗、幼树的更新，坡度和混交度则是促进小树生长和存活的关键因素；更新密度和更新多样性整体随着林分蓄积（胸径、树高、密度）的增加而降低，因此在后续经营中可通过调整林分混交度和蓄积来促进林分的更新与存活。

模型拟合结果表明（表 3-8、图 3-9），除幼苗更新株数预测模型精度相对较低外（$R^2=0.2798$），幼树、小树和更新整体株数预测模型的精度均相对较高（$R^2>0.75$），表明模型的拟合精度较高，整体能够满足林业生产需求。各林分、

表 3-8 大兴安岭各大小级更新株数模型参数估计值

参数	整体		幼苗		幼树		小树	
	估计值	P 值	估计值	P 值	估计值	P 值	估计值	P 值
截距	8.3574	<0.0001	12.5019	0.0003	10.7285	<0.0001	1.5634	0.2981
坡度	0.1478	0.0183					0.2582	0.0009
坡位	0.2781	0.0936	-1.1381	0.0383				
坡向					-0.3688	0.0004		
A_1 层土壤厚度	-0.0641	0.0607			-0.1237	0.0105		
树高	-0.1618	0.0075			-0.2517	0.0041		
密度							0.0012	<0.0001
蓄积					0.0065	0.0343	-0.0114	0.0001
混交度	1.0434	0.0221			1.8691	0.0020	7.9664	0.0045
角尺度			-12.8281	0.0262				
调整确定系数	0.8466		0.2798		0.7916		0.8661	

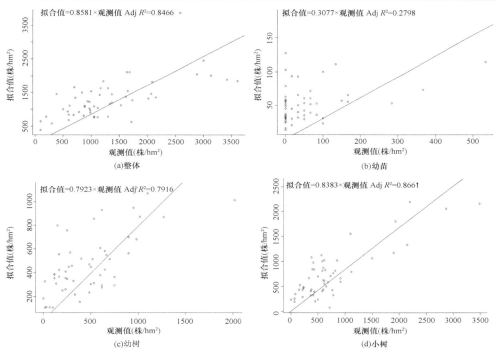

图 3-9 大兴安岭各大小级更新株数预测模型

地形、土壤变量对各大小级更新株数的作用显著不同。对幼苗而言，更新株数随坡位的下降而减少，随林分混交度的增加而降低；幼树更新株数在阴坡显著小于阳坡，随 A_1 层土壤厚度和树高的增加而减少，但与林分蓄积和混交度显著正相关；小树更新株数随坡度下降而增加，随林分密度和混交度的增加而增加，但随林分蓄积的增加而下降；从林分整体更新情况来看，更新株数随坡度和混交度的增加而增加，随坡位的下降而增加。

3.4 土壤理化性质

在 3 块 100m×100m 的样地中，分别以等距离的方式设定 25 个土壤测定样方。测定每个样方中 A_0、A_1、A_2 层的土壤厚度，测定每个样方 A_1 和 A_2 层土壤的氮、磷、钾等元素重量（每千克土壤中的元素含量）以及 pH。本节使用 t 检验和 Wilcoxon 检验比较 3 种林分类型在土壤厚度和土壤元素含量之间的差异情况。根据统计分析基本假设，原始数据服从正态分布，则使用 t 检验的方法；不满足正态分布，则使用 Wilcoxon 检验的方法。由于各土层组成物质不同，对各土层的元素含量进行分层分析，而对土壤厚度进行整体分析。即进行土壤养分全含量差异分析时，分别在 A_1 和 A_2 层进行，而进行土壤厚度差异分析时，将 A_0、A_1 和 A_2 土层求和，然后进行差异分析。统计过程采用 R 语言和 Python 软件完成。

3.4.1 t 检验

t 检验亦称学生检验（Student's test），是戈斯特发明的检验均数差异显著性的方法（查如琴，2016）。根据检验目的的不同，t 检验一般分为测量平均值与给定值之间的差异、2 个测量平均值之间的差异和对比实验中两组测量值之间的差异 3 种类型（沈英，2019）。设 X_1，X_2，$\cdots$，X_n 是来自正态分布总体 $N(\mu, \sigma^2)$ 的样本，则有 t：

$$t = \frac{\overline{X} - \mu}{\dfrac{s}{\sqrt{n-1}}} \qquad (3\text{-}2)$$

式中，μ 为总体均值，$\overline{X}$ 为抽样数据中的均值，t 为判定标准，可通过查表获得，n 为抽样个数，s 为样本标准差（孙培艳等，2010）。两个样本之间 t 检验，如式（3-3）所示。设 X_1，X_2，$\cdots$，X_n 是来自正态分布总体 $N(\mu_1, \sigma^2)$ 的样本，Y_1，Y_2，$\cdots$，Y_n 是来自正态分布总体 $N(\mu_2, \sigma^2)$ 的样本，且两个样本之间相互独立。则有统计量 t：

$$t = \frac{\left|\overline{X_1} - \overline{X_2}\right|}{\sqrt{\dfrac{(n_1-1)S_1^2 + (n_2-1)S_2^2}{n_1 + n_2 - 2}\left(\dfrac{1}{n_1} + \dfrac{1}{n_2}\right)}} \qquad (3\text{-}3)$$

式中，S_1、S_2 分别为样本 1 和样本 2 的标准差，n_1、n_2 分别为样本 1 和样本 2 的个数，$\overline{X_1}$ 和 $\overline{X_2}$ 分别为样本 1 和样本 2 的平均值（郭鸿飞，2019）。当 $n_1 = n_2 = n$

时，式（3-3）可以简化为

$$t = \frac{\left| \overline{X_1} - \overline{X_2} \right|}{\sqrt{\dfrac{S_1^2 + S_2^2}{n}}} \tag{3-4}$$

两个样本进行 t 检验前，两个样本之间需满足方差齐次，即需要对两个样本进行 F 检验：

$$H_0:\ \sigma_1^2 = \sigma_2^2,\ H_1:\ \sigma_1^2 \neq \sigma_2^2 \tag{3-5}$$

$$F = \frac{S_1^2}{S_2^2} \tag{3-6}$$

当式（3-5）中 H_0 为真时，两个样本之间的方差齐次，当 H_1 为真时，两个样本不满足方差相同的条件，不宜使用 t 检验。分析两个样本之间的差异时：

$$H_0:\ u_1 = u_2,\ H_1:\ u_1 \neq u_2 \tag{3-7}$$

当式（3-7）中 H_0 为真时，两个样本之间无显著差异；当 H_1 为真时，两个样本之间差异显著。P 值是假设检验中的一个重要参数，是由检验统计量的样本观察值得出的原假设可被拒绝的最小显著性水平（肖忆南等，2015），即拒绝 H_0：$u_1 = u_2$，得出两个样本之间存在显著差异的最小显著性水平。对于任意指定的显著性水平 a，若 $P \leqslant a$，则拒绝原假设 H_0，接受假设 H_1，认为两个样本之间差异显著；若 $P > a > \alpha$，则接受原假设 H_0，认为两个样本间差异不显著（王二院和李侠，2016）。

3.4.2 Wilcoxon 检验

统计学中常用到的概念如均值、方差等，通常称为参数，通过样本各参数的差异比较，进行差异分析是统计学中常用到的方法，如 t 检验。但这种方法需要提前获取样本数据的分布形式，如正态分布。Wilcoxon 检验是医学领域中常用到的一种样本数据不满足正态分布时的检验方法，又称为非参数秩和检验。秩为样本数据的位置或排列顺序（周聪等，2014），通常为升序或降序排列。在不给定样本数据分布形式的情况下，也可以获取数据的秩。若给定样本数据，则数据的秩确定且唯一，所有数据秩值的分布规律唯一，即较小、中等和较大的秩值有规律地分布在样本数据中。Wilcoxon 检验的思想便是通过检验不同样本之间的秩来判定不同样本之间是否存在显著差异。其基本过程如下。

设 X_1，X_2，$\cdots$，X_{n_1} 是来自总体 $N(\mu_1,\ \sigma^2)$ 的样本，Y_1，Y_2，$\cdots$，Y_{n_2} 是

来自总体 N（μ_2，σ^2）的样本，两个样本的分布形式均未知，将两个样本的数据混合，组成样本量为 n_1+n_2 的新样本，分别计算样本 X 和 Y 在新的样本中秩的和 W_X、W_Y，即

$$W_X = W_{XY} + \frac{1}{2}n_1(n_1+1) \tag{3-8}$$

$$W_Y = W_{YX} + \frac{1}{2}n_1(n_1+1) \tag{3-9}$$

式中，W_{XY} 表示所有观测秩值中样本 X 大于样本 Y 的个数，n_1 为样本 X 的个数（杨玲玲，2013）。同理，W_{YX} 表示所有观测秩值中样本 Y 大于样本 X 的个数，W_{XY} 和 W_{YX} 之间满足

$$W_{XY} + W_{YX} = n_1 n_2 \tag{3-10}$$

式中，n_2 为样本 Y 的个数。当样本量足够大时，有检验统计量 Z：

$$Z = \frac{W_{XY} - \dfrac{n_1 n_2}{2}}{\sqrt{\dfrac{n_1 n_2 (n_1 n_2 + 1)}{12}}} \tag{3-11}$$

同 t 检验方法相似，Wilcoxon 检验同样是小概率事件检验原则，当 P 值大于给定显著水平值 α 时，则接受原假设，当 $P \leqslant \alpha$ 时，则拒绝原假设，两个样本之间存在显著差异。

对新林林业局翠岗林场 3 种典型天然次生林林分类型的各 25 个土壤采样点共计 75 个采样点的土壤厚度进行统计，如图 3-10 所示。

对 3 种林分类型的土壤厚度及 A_1、A_2 层土壤氮、磷和钾等全含量进行检验的结果如表 3-9~表 3-15 所示。

由表 3-9 可知，3 种林分类型之间均满足方差齐次，BL 土壤厚度正态性检验 P 值为 0.0014，99%的置信度下不满足正态分布假设，故使用 Wilcoxon 检验的方法对 BH-BL 和 BL-L 进行检验，得 P 值分别为 0.0350、0.0140，3 种林分类型土壤厚度在置信度为 99%的条件下无显著差异。

由表 3-10 可知，在 A_1 层中，BL 全钾含量和 L 中 pH 不满足正态分布假设，需对其进行非参数检验，BH-BL 全钾含量检验 P 值为 0.3818，二者之间无显著差异，BL-L 中 pH 和全钾含量非参数检验 P 值均为 0.0038，差异显著，其他变量均满足正态分布假设。由表 3-11 可知，不同林分类型土壤元素含量之间均满足方差齐次。由表 3-12 可知，在置信度 99%的条件下，BH-BL 土壤各元素无显著差异，BL-L 土壤 pH 和全钾含量差异显著，全氮、全磷和全钾等之间无显著差异。表 3-12 中，对应表 3-9 中不满足正态检验的结果为非参数检验 P 值。

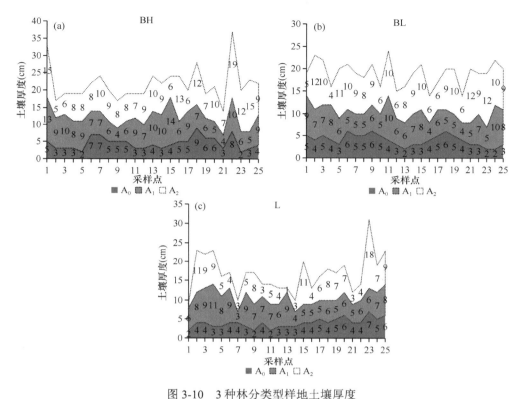

图 3-10　3 种林分类型样地土壤厚度

图中数字表示各层土壤厚度，BH 表示白桦林，BL 表示落白混交林，L 表示以落叶松为主的针叶混交林

表 3-9　3 种林分类型样地样方土壤厚度的差异

林分类型	正态性	组间	方差齐次	差异性
BH	0.3441	BH-BL	0.2423	0.0249
BL	0.0014	BH-L	0.9658	0.1105
L	0.3637	BL-L	0.3962	0.0109

注：表中 BH 表示白桦林，BL 表示落白混交林，L 表示以落叶松为主的针叶混交林。BH-BL 表示白桦林和落白混交林，BH-L 表示白桦林和以落叶松为主的针叶混交林，BL-L 表示落白混交林和以落叶松为主的针叶混交林，表 3-10～表 3-15 同此

表 3-10　3 种林分类型样地土壤样方 A_1 层土壤氮、磷和钾等全含量的正态性检验（*P* 值）

组别	pH	OM	TN	TP	TK
BH	0.4706	0.4196	0.2068	0.3292	0.1225
BL	0.1325	0.4888	0.9545	0.6414	0.0010
L	0.0044	0.1080	0.4215	0.1453	0.5953

注：OM. 有机质；TN. 全氮；TP. 全磷；TK. 全钾

表 3-11 3 种林分类型样地土壤样方 A$_1$ 层土壤氮、磷和钾等全含量的方差齐次检验（P 值）

组别	pH	OM	TN	TP	TK
BH-BL	0.9431	0.1720	0.7953	0.4157	0.4544
BH-L	0.7431	0.1305	0.8985	0.7431	0.9226
BL-L	0.1247	0.1136	0.8714	0.7164	0.1696

注：OM. 有机质；TN. 全氮；TP. 全磷；TK. 全钾

表 3-12 3 种林分类型样地土壤样方 A$_1$ 层土壤氮、磷和钾等全含量的差异（P 值）

组别	pH	OM	TN	TP	TK
BH-BL	0.1001	0.1479	0.0815	0.7199	0.3818
BH-L	0.0196	0.7445	0.2819	0.4108	0.0046
BL-L	0.0038	0.3055	0.8418	0.1274	0.0038

注：OM. 有机质；TN. 全氮；TP. 全磷；TK. 全钾

表 3-13 3 种林分类型样地土壤样方 A$_2$ 层土壤氮、磷和钾等全含量的正态性检验（P 值）

组别	pH	OM	TN	TP	TK
BH	0.4823	0.1105	0.2421	0.8248	0.5324
BL	0.2030	0.0020	0.4750	0.9143	0.2091
L	0.1390	0.9475	0.0162	6.07E-07	0.0019

注：OM. 有机质；TN. 全氮；TP. 全磷；TK. 全钾

表 3-14 3 种林分类型样地土壤样方 A$_2$ 层土壤氮、磷和钾等全含量的方差齐次检验（P 值）

组别	pH	OM	TN	TP	TK
BH-BL	0.5308	0.3809	0.0309	0.7308	0.1078
BH-L	0.8792	0.3708	0.6956	0.8792	0.2300
BL-L	0.0876	0.0338	0.6556	0.2667	0.2550

注：OM. 有机质；TN. 全氮；TP. 全磷；TK. 全钾

表 3-15 3 种林分类型样地土壤样方 A$_2$ 层土壤氮、磷和钾等全含量的差异（P 值）

组别	pH	OM	TN	TP	TK
BH-BL	0.0029	0.0008	0.5027	0.9354	0.2176
BH-L	0.0709	0.6159	0.1227	0.3733	0.0042
BL-L	0.0011	0.1614	0.0311	0.1725	0.0001

注：OM. 有机质；TN. 全氮；TP. 全磷；TK. 全钾

由表 3-13 可知，BL 中有机质含量和 L 中全磷、全钾含量不满足正态分布，需对不满足正态分布的数据进行非参数检验，在置信度 99% 的条件下，得 BH-BL 中 pH 非参数检验 P 值为 0.0029，差异显著；BL-L pH 非参数检验 P 值为

0.0011，差异显著；BL-L 全磷、全钾非参数检验 P 值分别为 0.1725 和 0.0001，BL-L 全磷无显著差异，全钾差异显著。由表 3-14 可知，3 种林分类型土壤元素含量之间均满足方差齐次。在置信度为 99%的条件下，BH-BL 有机质非参数检验 P 值为 0.0008，差异显著，全氮、全磷和全钾无显著差异，BL-L pH、全氮和全磷无显著差异。表 3-15 中，对应表 3-13 不满足正态分布的检验结果为非参数检验 P 值。

4 次生林天然更新影响因素

森林天然更新是利用林木自身繁殖和恢复能力，在林地或林迹地上形成新一代幼林的过程，是森林生态系统中资源的再生产（韩有志和王政权，2002），是林分生长发育的重要生态学过程，也是研究森林生态系统动态的重要内容，且森林生态系统的自我演替和恢复主要通过森林天然更新来实现（李杰等，2014）。天然更新指从种子产生、扩散、萌发，幼苗定居和建成，到衰老枯倒，每一个阶段都受到各种环境因子的影响（Cairns，2006）。本章以大兴安岭地区典型天然次生林的天然更新为例，分别使用冗余分析和结构方程的方法，分析不同因子对次生林天然更新的影响，为定量化数学模型的建立和森林多功能经营提供理论依据。

4.1 主要林分类型种子雨动态特征

天然次生林已成为世界主要森林类型，我国超过 70%的森林由于一个世纪的过度采伐而成为次生林（Chen et al.，2003），目前大部分次生林呈现出明显的植被退化现象，随时面临着逆向演替的危险。优势树种自然更新不良是造成这些问题的主要原因（朱教君和李凤芹，2007）。因此，通过促进自然更新来恢复次生林的结构和功能是森林管理者的首要任务之一（Yan et al.，2010；杨宏伟，2008）。植物种群的自然更新包括种子产生、扩散、萌发，以及幼苗和幼树建立等几个阶段，相较于人工更新，天然更新由其低成本和高生产力的特点，被认为是一种有效的森林恢复策略。兴安落叶松和白桦作为大兴安岭地区最重要的两个树种，几乎存在于该地区的所有林分类型中，对兴安落叶松和白桦的种子雨动态研究，有利于理解这两种树种种子雨在寒温带针叶林群落更新动态中的作用。本节以大兴安岭地区新林林业局翠岗林场的 3 种类型的固定样地为研究对象，对主要树种兴安落叶松和白桦的种子雨情况进行了为期两年的动态监测，从而分析该地区种子雨在不同年份间的特征和空间格局，初步探索了兴安落叶松和白桦种子雨的季节动态变化及散种规律，为今后该地区的森林经营规划和未来大规模、大尺度的种子雨研究提供了参考和借鉴。

4.1.1 种子雨组成和季节动态

2018 年 6 月，在原有 3 块固定样地的基础上设置种子雨收集器，种子雨收集从每年的 6 月 15 日设置种子雨收集器开始，最后收集时间为每年的 10 月 30 日，在每年的 6 月 30 日、7 月 15 日、7 月 30 日、8 月 15 日、8 月 30 日、9 月 15 日、9 月 30 日、10 月 15 日、10 月 30 日进行种子雨数据的收集，每年共收集 9 期数据，共收集了两年（2018～2019 年），收集对象为各固定样地内的主要乔木树种的种子。种子雨动态监测分为种子雨收集器设置和种子雨数据收集两部分。2017 年 8 月我们在翠岗林场设置了 3 块 1hm² 固定样地，林分类型分别为白桦林、以兴安落叶松和白桦为主的针阔混交林、以兴安落叶松为主的针叶混交林。2018 年 6 月，我们在这 3 块样地中设置了种子雨收集器，采用机械布点的方法，以每个 20m×20m 的样方为单位，在样方中心设置 1 个种子雨收集器，每块样地共 25 个收集器（图 4-1）。种子雨收集器由大小为 1m×1m 的收集框（PVC 管）和网目为 1mm 的尼龙网组成（图 4-2），为了防止动物取食以及灌草覆盖等对种子雨统计的影响，将种子雨收集器设置在距离地面约 1m 处。分别在 2018 年 6 月和 2019 年 6 月开始对种子雨收集器进行布设，每隔 15 天进行一次种子雨收集，将收集回来的种子按照不同树种进行分类，包括完整的种子和不完整的种子（残缺、动物啃食、空壳等），利用电子天平称重，并计算种子的千粒重，精确到 0.001g。

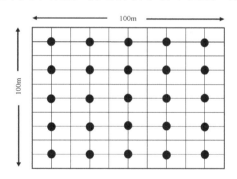

图 4-1 种子雨收集器分布示意图

图 4-2 种子雨收集器示意图

调查样地内各树种的主要特征如下。

1）兴安落叶松：落叶乔木，高达 35m，胸径最大可达 90cm；喜光。球果幼时紫红色，成熟时呈倒卵状球形，黄褐色、褐色或紫褐色；种鳞先端平或微凹，有光泽，无毛，有条纹；苞鳞较短，不露出；种子倒卵形，灰白色，具淡褐色条纹，翅长 10mm。球花期 5～8 月，球果成熟期 8～10 月，为大兴安岭地区主要树种。

2）白桦：落叶乔木，高达 27m，胸径最大可达 50cm，喜光耐寒，生命力顽强，常作为先锋树种，在森林火灾之后率先进入林地。小坚果狭矩圆形、矩圆形或卵形，长 1.5～3mm，宽 1～1.5mm，背面疏被短柔毛，膜质翅较果长 1/3，较少与之等长，与果等宽或较果稍宽。花期 6 月，果实成熟期 7～8 月，为大兴安岭地区主要树种。

3）云杉：常绿乔木，高达 30m 以上，胸径最大可达 80cm。种子倒卵圆形，长约 4mm，翅长 1.3～1.6cm。花期 5～6 月，球果成熟期 9～10 月，为大兴安岭地区主要伴生树种。

4）樟子松：常绿乔木，高 15～25m，最高达 30m，胸径最大可达 80cm。种子小，黄色、棕色、黑褐色，种翅膜质。花期 5～6 月，球果第二年 9～10 月成熟，为大兴安岭地区主要伴生树种。

5）山杨：乔木，高达 25m，胸径约 60cm。花期 3～4 月，果实成熟期 4～5 月，为大兴安岭地区主要伴生树种。

在种子雨收集过程中，采用带有白色标签纸的红色塑料袋进行收集，收集袋分两种，即落叶收集袋和种子收集袋，收集结束将样品带回进行分拣，将种子按照类别和完整性进行重新记录并测量其千粒重，由于该地区树种较为单一，因此将落叶重量分为阔叶重量和针叶重量分别记录，本研究中，阔叶落叶大多为白桦的落叶，针叶落叶为兴安落叶松的落叶。种子雨收集过程见图 4-3。

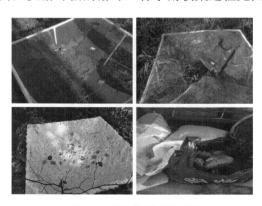

图 4-3　种子雨收集过程

　　本研究共收集到白桦、兴安落叶松以及云杉三种植物的种子,三种类型的种子隶属于 2 科 3 属 3 种植物。从平均种子雨密度的变化上来看(图 4-4),在 3 种林型下,无论是兴安落叶松还是白桦,在两年的收集期内(6 月 30 日至 10 月 30 日)随着季节的变化都表现出了相似的规律。同时根据所收集的数据并结合当地各树种散种时间,将该区域各树种的散种期大致分为三个阶段,即种子雨的初始期、高峰期和末尾期。①初始期:从 6 月 30 日第一次收集种子开始(所有树种的平均种子雨密度均为 0),到 7 月 30 日第三次收集种子,3 种林型下各树种在该时段内的散种量较小,平均种子雨密度的起伏变化也较小。②高峰期:8 月 15 日至 9 月 15 日,各树种的散种量急剧上升,绝大多数种子在这个时间段内散落。③末尾期:9 月 30 日至 10 月 30 日,峰值过后,散种量开始急剧减小,并且受该地区天气影响,各树种散种在 10 月中上旬就已经趋于停止,并在 10 月下旬完全停止。

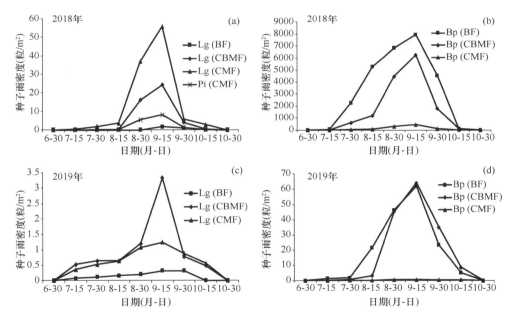

图 4-4　3 种林型下各树种种子雨密度的季节动态
BF、CBMF、CMF 分别代表白桦林、针阔混交林、针叶混交林;Bp、Lg、Pi 分别表示白桦、落叶松以及云杉

　　从图 4-4 还可以看出,在 3 种林型内无论是白桦还是落叶松的平均种子雨密度均在 9 月 15 日达到峰值。2018 年,白桦林中落叶松在峰值的平均种子雨密度为 1.71 粒/m² [图 4-4(a)],白桦在峰值的平均种子雨密度为 7967.63 粒/m² [图 4-4(b)];针阔混交林中落叶松在峰值的平均种子雨密度为 24.36 粒/m² [图 4-4(a)],白桦在峰值的平均种子雨密度为 6292.96 粒/m² [图 4-4(b)];针叶混交林中落叶松在峰值的平均种子雨密度为 55.83 粒/m² [图 4-4(a)],云杉在峰值

的平均种子雨密度为 8.24 粒/m² [图 4-4（a）]，且云杉只在 2018 年的针叶混交林样地中出现，白桦在峰值的平均种子雨密度为 456.68 粒/m² [图 4-4（b）]。

2019 年，3 种林型下各树种的平均种子雨密度明显减小，白桦林中落叶松在峰值的平均种子雨密度为 0.32 粒/m² [图 4-4（c）]，白桦在峰值的平均种子雨密度为 66.36 粒/m² [图 4-4（d）]；针阔混交林中落叶松在峰值的平均种子雨密度为 3.32 粒/m² [图 4-4（c）]，白桦在峰值的平均种子雨密度为 64.04 粒/m² [图 4-4（d）]；针叶混交林中落叶松在峰值的平均种子雨密度为 1.24 粒/m² [图 4-4（c）]，白桦在峰值的平均种子雨密度为 0.64 粒/m² [图 4-4（d）]。

图 4-5 给出了 3 种林型下的落叶动态。从总体上看，2018 年和 2019 年白桦

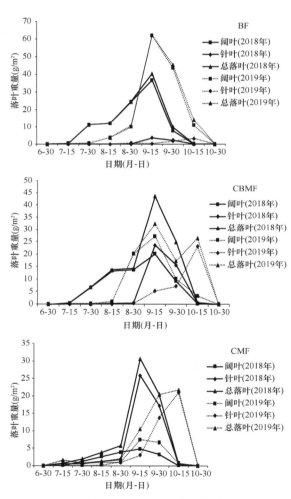

图 4-5　3 种林型下的落叶动态

BF、CBMF、CMF 分别代表白桦林、针阔混交林、针叶混交林

林中总落叶量呈现明显的单峰型，都在 9 月中旬达到高峰。2018 年针阔混交林的总落叶量也呈现出明显的单峰型，总落叶量同样在 9 月中旬达到高峰，2019 年针叶混交林的总落叶量则呈现出双峰型，两个峰值分别处于 9 月中旬和 10 月中旬。针叶混交林的总落叶量在 2018 年和 2019 年均表现为单峰型，两年的总落叶量的峰值分别处于 9 月中旬和 10 月中旬。

4.1.2 种子千粒重

从图 4-4（c）和图 4-4（d）可以看出白桦和落叶松在 2019 年的散种量都极少，因此本节只选取 2018 年不同散种期的千粒重进行分析，在下文中我们会对两年的种子雨总量进行分析。由表 4-1 可知，3 种林型下白桦的平均种子千粒重为（0.17±0.13）g/m²，白桦林中处于高峰期的白桦种子千粒重显著高于初始期和末尾期的白桦种子千粒重，而针阔混交林中处于初始期和高峰期的白桦种子千粒重显著高于末尾期的种子千粒重，针叶混交林中，高峰期和末尾期的白桦种子千粒重则显著高于初始期的种子千粒重。从总体上看，3 种林型下的白桦种子千粒重不存在显著差异，这与落叶松种子千粒重的表现不同。落叶松种子千粒重在 3 种林型之间存在显著差异，落叶松的平均种子千粒重为（1.36±1.82）g/m²。3 种林型的落叶松平均种子千粒重大小顺序表现为针叶混交林>针阔混交林>白桦林。其中白桦林中落叶松在末尾期的种子千粒重显著高于高峰期和初始期的种子千粒重，针阔混交林和针叶混交林在不同散种阶段的种子千粒重表现出相同结果，即落叶松在散种高峰期种子千粒重显著大于初始期和末尾期。此外，只在 2018 年的针叶混交林内收集到了云杉种子，其各阶段下的种子千粒重和该样地内落叶松的种子千粒重变化表现出相似的趋势，即处于高峰期的种子千粒重显著高于初始期和末尾期的种子千粒重，云杉的平均种子千粒重为（1.19±1.85）g/m²。

表 4-1　3 种林型下不同类型种子的千粒重（g/m²）（平均值±标准差）

种子类型	林型	初始期	高峰期	末尾期	平均值
白桦	BF	0.16±0.13 b	0.19±0.04 a	0.14±0.11 b	0.16±0.10 A
	CBMF	0.18±0.16 b	0.21±0.05 a	0.14±0.10 b	0.18±0.12 A
	CMF	0.11±0.15 b	0.23±0.07 a	0.18±0.21 a	0.17±0.16 A
	平均值	0.15±0.15 b	0.21±0.06 a	0.15±0.15 b	0.17±0.13
落叶松	BF	0.00±0.00 c	0.84±1.72 b	1.62±2.14 a	0.82±1.72 C
	CBMF	0.03±0.21 c	2.76±1.98 a	1.19±1.63 b	1.33±1.86 B
	CMF	0.88±1.42 c	2.99±1.16 a	1.92±1.76 b	1.93±1.70 A
	平均值	0.30±0.93 c	2.20±1.91 a	1.58±1.88 b	1.36±1.82
云杉	CMF	0.07±0.47 c	2.72±1.95 a	0.79±1.58 b	1.19±1.85

注：不同大写字母表示同一时期不同类型之间的差异达到 5%的显著水平，不同小写字母表示同一类型不同时期之间的差异达到 5%的显著水平

4.1.3 种子雨强度年际差异

本研究对收集的种子雨强度的季节动态进行分析，将种子雨强度换算成种子雨在单位面积内的散种量进行计算，公式如下：

$$种子雨强度 = \frac{种子数量}{所在种子收集器的面积} \tag{4-1}$$

表 4-2 给出了 3 种林型下 2018 年和 2019 年的种子雨总量以及两个主要树种白桦、落叶松的种子总量。需要特别指出的是，在分拣过程中，白桦种子由于 2018 年数量较多同时残缺个数极少，并且在 2019 年分拣过程中并未发现不完整的白桦种子，因此我们只记录了白桦种子总数，对落叶松完整和不完整的种子都进行了记录。此外，云杉种子只在 2018 年的针叶混交林中出现，在收集的云杉种子里没有出现不完整的种子。

表 4-2 3 种林型下 2018 年与 2019 年的种子雨（粒/m²）（平均值±标准差）

变量	白桦林		针阔混交林		针叶混交林	
	2018 年	2019 年	2018 年	2019 年	2018 年	2019 年
种子雨总量	3008.85±3609.24**	18.07±81.19	1614.51±2533.61**	13.56±25.09	124.40±221.39**	0.88±1.44
白桦种子总量	3008.54±3608.97**	17.94±81.17	1609.45±2526.10**	12.74±24.68	110.70±204.70**	0.30±0.82
落叶松种子总量	0.31±0.90**	0.13±0.59	5.06±10.01**	0.82±1.73	11.95±23.23**	0.58±1.11
完整落叶松种子量	0.27±0.75**	0.09±0.45	5.00±9.89**	0.72±1.57	11.70±23.00**	0.51±1.04
云杉种子量	—	—	—	—	1.75±5.24	—

**表示 2018 年和 2019 年差异极显著（$P<0.01$）

由表 4-2 可知，白桦林 2018 年的种子雨总量为（3008.85±3609.24）粒/m²，其中白桦种子总量为（3008.54±3608.97）粒/m²，约占当年种子雨总量的 99.99%，2019 年的种子雨总量为（18.07±81.19）粒/m²，其中白桦种子总量为（17.94±81.17）粒/m²，约占当年种子雨总量的 99.28%。

针阔混交林 2018 年的种子雨总量为（1614.51±2533.61）粒/m²，其中白桦种子总量为（1609.45±2526.10）粒/m²，约占当年种子雨总量的 99.69%。2019 年的种子雨总量为（13.56±25.09）粒/m²，其中白桦种子总量为（12.74±24.68）粒/m²，约占当年种子雨总量的 93.95%。

针叶混交林 2018 年的种子雨总量为（124.40±221.39）粒/m²，其中白桦种子总量为（110.70±204.70）粒/m²，约占当年种子雨总量的 88.99%。2019 年的种子雨总量为（0.88±1.44）粒/m²，其中白桦种子总量为（0.30±0.82）粒/m²，约占当年种子雨总量的 34.09%。在所有林型中，2018 年的种子雨总量、各树种的种子总量以及完整落叶松种子量均极显著高于 2019 年的各项数据，说明 3 种林型下各树种的散种量存在较大的年际变化。

4.1.4 种子雨空间分布格局

本研究采用方差均值比率（C_0）对种子雨的空间分布格局进行判断，其具体公式如下：

$$C_0 = V / m \tag{4-2}$$

式中，该分布类型假设种子雨空间分布为泊松分布（Poisson distribution），V 为泊松分布总体的方差，m 为泊松分布总体的均值。当 $C_0>1$ 时，种子雨呈现聚集分布；当 $C_0=1$ 时，种子雨呈现随机分布；当 $C_0<1$ 时，种子雨呈现均匀分布。同时，采用 t 检验来确定实测值和理论值的偏离程度，其公式如下：

$$t = \left(C_0 - 1\right) / \left(2/\left(n-1\right)\right)^{1/2} \tag{4-3}$$

式中，n 为种子雨收集器个数，当 $|t|=t_{n-1,0.05}$ 时，表示种子雨空间分布格局为均匀分布，此时差异不显著，当 $|t|<t_{n-1,0.05}$ 时，表示种子雨空间分布格局为随机分布；当 $|t|>t_{n-1,0.05}$ 时，表示种子雨空间分布格局为聚集分布。

需要特别说明的是，在正常情况下，种子雨是每隔 15 天进行一次收集，但是由于种子雨收集的时间段是该地区降雨高发期，对于因特殊原因（雨雪等极端天气）导致没能按规定时间收集数据，产生多于 15 天的情况，我们在统计过程中将其转换成 15 天的种子量之后再进行数据的统计分析。本研究中种子雨总量的年际变化差异以及不同散种期的种子千粒重差异均采用 Kruskal-Wallis 方差分析进行检验，以上数据的分析和计算分别使用 SPSS20.0 和 Excel 2019 完成。

表 4-3 给出了 2018～2019 年 3 种林型下白桦、落叶松和云杉在各个种子雨收集期内的种子雨空间分布格局，从总体上看，在 2018 年和 2019 年，主要树种白桦和落叶松在 3 种林型中的种子雨空间分布格局都呈现聚集分布状态。针阔混交林中的落叶松和针叶混交林中的白桦种子雨在 2018 年和 2019 年的各个收集期内均呈现完全的聚集分布，2018 年的云杉种子雨也呈现出完全的聚集分布。

表 4-3　3 种林型下种子雨空间分布格局

年份	收集时间（月.日）	白桦林		针阔混交林		针叶混交林		
		白桦	落叶松	白桦	落叶松	白桦	落叶松	云杉
2018 年	6.30	—	—	—	—	—	—	—
	7.15	A	—	A	—	A	U	—
	7.30	A	—	A	A	A	A	—
	8.15	A	—	A	A	A	A	A
	8.30	A	—	A	A	A	A	A

续表

年份	收集时间（月.日）	白桦林		针阔混交林		针叶混交林		
		白桦	落叶松	白桦	落叶松	白桦	落叶松	云杉
2018 年	9.15	A	A	A	A	A	A	
	9.30	A	A	A	A	A	A	A
	10.15	A	U	A	A	A	R	A
	10.30	—	—	—	—	—	—	—
	总体	A	A	A	A	A	A	A
2019 年	6.30	—	—	—	—	—	—	
	7.15	U	A	A	A	A	U	
	7.30	A	A	R	A	A	U	
	8.15	A	A	A	A	A	A	
	8.30	A	A	A	A	A	A	
	9.15	A	A	A	A	A	A	
	9.30	A	A	A	A	A	A	
	10.15	A	A	A	A	A	A	
	10.30	—	—	—	—	—	—	
	总体	A	A	A	A	A	A	

注：A、U、R 分别代表聚集分布、均匀分布和随机分布；"—"表示无数据

　　种子扩散和幼苗更新是森林群落构建的重要过程（Harper，1977），本节对 3 种林型下种子雨的物种组成和季节动态、落叶动态、种子千粒重、散种量的年际变化及种子雨的空间分布格局进行了研究。从平均种子雨密度上来看，所有树种的平均种子雨密度均在 9 月 15 日左右出现峰值，根据当地树种的散种规律，白桦和落叶松均在 8 月末至 9 月初达到散种的高峰期，正常情况下，以 10 天为一个间隔期对种子进行收集，可以更好地描述散种规律，但是由于现实条件的限制（路途较远收集困难以及当地林区森林防火政策等），我们只能以 15 天为一个间隔期进行种子收集，所以 9 月 15 日收集的种子也包含了一部分高峰过后的种子。各林型中树种组成的差异同样体现到落叶动态当中，3 种林型下针阔落叶重量之比：白桦林 2018 年为 6.3∶93.7，2019 年为 4.3∶95.7；针阔混交林 2018 年为 39.0∶61.0，2019 年为 36.8∶63.2；针叶混交林 2018 年为 75.0∶25.0，2019 年为 71.9∶28.1。从总体上看，阔叶树种的散种量要大于针叶树种的散种量。

　　落叶松种子千粒重的大小表现也符合其种子散落的一般规律，落叶松在针阔混交林和针叶混交林样地中都占据着较大的比例，初期扩散的大多是未成熟（空

心、无胚胎等）的种子，随着时间的推移，高峰期和末尾期以成熟种子为主，所以表现出高峰期的落叶松种子千粒重要明显高于其他两个阶段，这与高润梅等（2015）的研究结果一致，由于白桦林中落叶松树种数量极少，其种子并未表现出和针阔混交林、针叶混交林一样的规律。白桦种子重量较小，在季节动态的变化中千粒重并未表现出明显的差异。

从种子雨总量的年际变化上可以看出，研究区的种子存在明显的丰歉年之分，即使散种量很大的白桦林，在 2019 年的散种量也极少。虽然我们观测数据的时间跨度较小，无法对所处的年份结实周期性进行准确的定义，一般认为需要至少三年种子雨的观测数据（杨宏伟，2008），但是结合 2018～2019 年的调查数据以及对当地林场工作人员的咨询访问，我们认为 2018 年为种子丰年，2019 年为种子歉年。在不同年际变化情况下，各树种表现出相似散种规律，也可能源于长时间状态下，环境条件对树种生长的限制（Willson，1993），由于当地无霜期较短，无论是树木生长期还是种子散落期的时间都极短，各树种形成了特定的生理特性。此外，2019 年各树种散种量较低，除了树种本身的生理特性以外，也可能与这一年 8～9 月的极端天气有关（该地区极端天气较多，甚至在 9 月初经常发生结冰的现象），两者共同作用，导致这一年三个林型中无论是白桦还是落叶松或者是云杉，都表现出极低的散种量。

在种子雨空间分布格局方面，我们的研究显示所有树种的种子雨空间分布格局都呈现聚集分布，有关空间分布格局分析的方法有很多，本研究只采取了一种基于泊松分布的方法进行判定，以后的研究者应该采取多种空间分布格局判定方法，使判定结果更加合理。此外，白桦林中白桦种子雨空间分布格局与该林型中白桦幼苗的空间分布格局存在一致性，种子雨空间分布格局表现为聚集分布，而小尺度下的白桦幼苗同样表现出聚集分布状态，针阔混交林及针叶混交林中落叶松幼树的空间分布格局也都与相应的种子雨空间分布格局存在一定的一致性，说明种子雨的空间分布格局在一定程度上影响了幼苗、幼树的空间分布格局。有关种子雨空间分布格局的影响因素有很多，母树特性（Moles et al.，2004）、空间自相关性（陈香茗等，2011）、种子质量（Moles et al.，2004）、树种高度（Thomson et al.，2011）以及地形因素等（卢彦磊等，2019）都可能对种子雨的空间分布格局产生影响，这还有待学者进行进一步研究。

本研究没有对种子雨的空间变异进行分析，是因为在以往研究中，有关空间变异的林型大多为树种较多的常绿阔叶落叶混交林、温带针阔混交林等，本研究区域树种较为单一，主要为落叶松和白桦，因此对空间变异程度的研究意义不大。由于多方面因素限制，本研究并未对种子库的相关动态进行研究，Harper（1977）将种子扩散、种子萌发和幼苗建立共同称为种群建立阶段。本研究区种子库的收集也存在一定困难，由于研究区冻土期较长，通过土壤种子库收集种子，很难收集到当年的种子，此外近几年研究区雨季时间较长，尤其是 2019 年夏季，在外业过程中，我们可以进入林区的时间非常短，因此在收集方面存在一定的困难。本章的研究内容相对较少，对研究区种子雨的研究也处于初步探索阶段，但是具有一定的现实意义，通过对落叶松和白桦种子雨动态的分析，可以初步掌握研究区落叶松和白桦在不同森林类型下的散种规律，可为今后研究区大尺度的种子雨研究提供参考。

4.2　主要林分类型天然更新因素的冗余分析

对次生林天然更新影响因素的研究主要集中在母树与种源（Czarnecka，2005；Erfanzadeh *et al.*，2013；Wall and Stevens，2015）、林分因子（田国恒等，2013；Devaney *et al.*，2014）、土壤因子（陈爱玲等，2001；任学敏等，2012）、气候因子（谭留夷，2011；陈英，2014）、干扰因子（梁建萍等，2002；Pardos *et al.*，2007；李荣等，2011；Otto *et al.*，2012）等几方面；在土壤因子方面，并未考虑不同土壤厚度、理化性质对次生林天然更新的影响。更新苗在各个生长阶段，根系扎根深度不同，直接影响林分的更新。按高度级对更新苗进行等级划分，但是高度划分并未考虑不同树种之间的更新差异。国内对更新的影响因子分析方法主要有相关性分析、主成分分析、多元回归统计分析、方差分析、灰色关联分析等（黄朗等，2019；任学敏等，2019；赵芳和欧阳勋志，2015；张宏伟和黄剑坚，2016）。冗余分析是生态学领域一种常见的分析方法，在林分更新方面应用得较少，本节引入冗余分析法探讨林分更新的影响因子。

兴安落叶松林是大兴安岭地区的顶级群落之一，是大兴安岭地区分布面积最大、分布最广的基本森林类型（王智勇等，2018；王涛等，2019），在海拔300～1200m 均有分布。天然林主要分布在海拔 500m 以上的山区，由于人为破坏严重，现有的落叶松林多属于次生林。本节研究多种因素对大兴安岭天然落叶松林更新的影响，以了解森林更新与环境因素之间的关系，旨在为科学实施森林可持续经营管理、实现人工林经营过程的近自然化提供参考。

本节以 2018 年、2019 年在大兴安岭地区翠岗林场、新林林场、壮志林场设定的 57 块固定样地作为原始数据（表 4-4），其中，翠岗林场 10 块 0.06hm²、10 块 0.1hm² 固定样地，新林林场 18 块 0.1hm² 固定样地，壮志林场 10 块 0.1hm²、9 块 0.08hm² 固定样地。调查并记录乔木层（胸径≥5cm）每木树种、状态、胸径、树高、第一活枝高、第一死枝高、位置坐标（x，y）、东南西北 4 个方向的冠幅等信息；调查并记录更新层（胸径<5cm）每木树种、状态、地径、胸径、树高、位置坐标（x，y）、更新方式（实生和萌生）等。每块样地的四角点分别设置 1 个 2m×2m 的灌木调查样方、1m×1m 的草本调查样方，调查每个小样方中

灌木和草本的种类、平均高、盖度等信息，并记录样地的海拔、坡向、坡位、坡度、土壤类型等信息。

表 4-4 样地概况

研究区域	样地数（块）	平均胸径（cm）	平均树高（m）	平均郁闭度（%）	林分平均密度（株/hm²）	平均蓄积（m³/hm²）
翠岗林场	20	12.8±6.3	10.6±1.2	0.71±0.09	1786±674	138.3±29.7
新林林场	18	11.6±1.3	10.0±0.3	0.56±0.11	1567±457	101.3±21.5
壮志林场	19	17.0±5.5	14.9±2.4	0.53±0.12	919±313	153.0±45.2

土壤样品采集：在每块样地沿样地对角线取中心及两样方角的土壤样品，分别取 A_0 层（枯枝落叶层，分解、半分解的有机物积累的层次，木本植被下的森林土壤最为明显）、A_1 层（腐殖质层，由于腐殖质的积累，腐殖质和矿质养料含量丰富，且结合紧密，多呈良好的团粒结构，土色较深）、A_2 层（淋溶层，由于雨水的淋洗作用，土体中易溶性盐类及铁水化物、铝水化物、腐殖质胶体受到淋失，向下移动，使该层腐殖质及养分含量减少，土色较浅）土壤，阴干后置于密封袋中，带回实验室参照《土壤农业化学分析方法》测定其化学性质，测量并记录 A_0、A_1、A_2 层的土壤厚度（易晨等，2015；牟兆军等，2019）。

4.2.1 冗余分析更新幼苗等级划分

结合更新苗等级划分标准[幼苗，株高（H）≤30cm；幼树，30<H≤130cm 且胸径（DBH）<5cm；小树，H>130cm 且 DBH<5cm]，将更新苗按照株高划分为 3 个等级，即幼苗、幼树、小树。按照落叶松、白桦、不分树种 3 种情况，对每块样地更新幼苗分等级计数，分别代表各样地主要树种不同生长阶段的更新情况，从而对天然落叶松次生林更新情况进行分析。其中，更新密度划分为 6 个类别：落叶松幼苗、白桦幼苗、落叶松幼树、白桦幼树、落叶松小树和白桦小树。

4.2.2 冗余分析生境因子的选取

本节选取 25 个生境因子（表 4-5），以诠释地形、林分条件、空间结构、树种组成、土壤生境等方面的变化，通过尽可能多的生境因子探讨其对天然落叶松次生林更新的影响。将 25 个生境因子划分为 2 类，即林分因子 11 个指标、土壤因子 14 个指标。土壤样品分为枯枝落叶层、腐殖质层、淋溶层 3 层，对腐殖质层、淋溶层分别测量其化学性质，包括 pH、有机质含量、全氮含量、全磷含量、全钾含量。

表 4-5 冗余分析使用的生境因子

环境因子				林分因子	
海拔	土壤因子			非空间因子	空间因子
	枯枝落叶层	腐殖质层	淋溶层		
枯枝落叶层厚度	腐殖质层厚度	淋溶层厚度	平均胸径	角尺度
	腐殖质层 pH	淋溶层 pH	平均树高	大小比
	腐殖质层有机质质量分数	淋溶层有机质质量分数	林分密度	混交度
	腐殖质层全氮质量分数	淋溶层全氮质量分数	林分蓄积量	
	腐殖质层全磷质量分数	淋溶层全磷质量分数	郁闭度	
	腐殖质层全钾质量分数	淋溶层全钾质量分数	树种组成指数	
			灌木盖度	
			草本盖度	

4.2.3 冗余分析理论

冗余分析（RDA），是一种将回归分析法与主成分分析法融合进行排序的分析方法，也是对多响应变量回归分析的延伸拓展。冗余分析是响应变量矩阵与解释变量矩阵之间多元多重线性回归的拟合值矩阵的主成分分析，也是多响应变量回归分析的拓展。冗余分析是生态学领域常用的分析方法，Legendre 和 Gallagher（2001）开发了一系列物种转化数据，使物种数据适用于冗余分析，此后，冗余分析得到了更加广泛的应用（Borcard *et al.*，2014）。为了寻找简约模型，解决解释变量之间的共线性问题，本节采用解释变量的前向选择。变量的共线性程度可以用方差膨胀因子（F_{VI}）度量，当 $F_{VI}>20$ 时，说明与其他解释变量之间存在严重的共线性问题。在冗余分析中，当存在两个或更多解释变量时通常采用变差分解量化两组或多组变量单独及共同解释的变差。Borcard 等（1992）首先提出了变差分解的概念，并且发现了其分解过程，这对于多元生态数据分析有重要的意义。Peres-Neto 等（2006）提出使用校正决定系数（R^2）促进变差分解的使用。通过变差分解，将解释变量分为 3 部分，即林分变量解释部分、土壤变量解释部分、共同解释部分。

4.2.4 冗余分析结果

对物种数据进行趋势对应分析（DCA），获得物种数据 4 个排序轴，其中最长排序轴为 2.1109。如果最长排序轴小于 3.0，则排序分析方法选择应用线性模型的冗余分析更合理（李晶，2012）。为了确认不同区域之间是否存在显著差异，运用组合聚类分析与排序分析的方法，在冗余分析排序图的基础上添加聚类树（图 4-6）。3 组聚类簇均包含 3 个区域的样地，并且 3 组聚类簇的样方点在排序坐标上分布比较均匀，说明大兴安岭这 3 个区域无显著性差异。

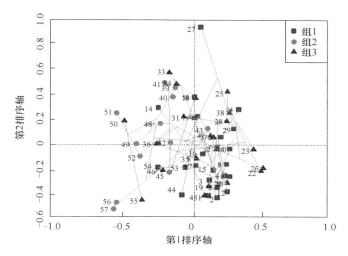

图 4-6　组合冗余分析排序与聚类树（彩图请扫封底二维码）

图中的数字 1～57 为样地编号，样方点之间的连线为聚类树。本节的实验数据来自于翠岗林场、新林林场和壮志林场，3 组聚类簇均包含 3 个区域的样地

冗余分析结果显示，25 个生境因子对林分更新密度的贡献率为 77.16%（表 4-6），利用蒙特卡罗（Monte Carlo）检验（置换次数为 999），全模型前两个排序轴显著（$P<0.05$）。前 4 轴累计贡献率为 97.33%，前 2 轴累计贡献率为 85.63%，因此，可以冗余分析前 2 个排序轴反映大兴安岭天然落叶松林的更新状况（表 4-7）。第 1 排序轴主要反映了平均胸径、平均树高、林分蓄积量、草本盖度、林分密度、枯枝落叶层厚度、腐殖质层有机质质量分数的影响；第 2 排序轴主要反映了海拔、林分蓄积量、郁闭度、树种组成指数、角尺度、灌木盖度、腐殖质层全磷质量分数的影响。

表 4-6　冗余分析前 4 个排序轴的累计贡献率（%）

模型	典范特征值总和	第 1 排序轴	第 2 排序轴	第 3 排序轴	第 4 排序轴
全模型	77.16	68.61	85.63	94.19	97.33
简约模型	57.10	84.07	97.04	99.45	99.98

表 4-7　生境因子与排序轴的相关关系

生境因子	第 1 排序轴	第 2 排序轴
海拔	−0.17	0.34
平均胸径	−0.76	−0.07
平均树高	−0.84	−0.24
林分密度	0.47	−0.24

续表

生境因子	第 1 排序轴	第 2 排序轴
林分蓄积量	−0.59	−0.35
郁闭度	0.18	−0.35
树种组成指数	0.05	−0.37
角尺度	−0.11	0.32
大小比	−0.01	−0.07
混交度	−0.16	-0.10
灌木盖度	0.18	−0.34
草本盖度	−0.73	0.22
枯枝落叶层厚度	0.47	−0.19
腐殖质层厚度	−0.29	−0.25
淋溶层厚度	−0.34	−0.07
腐殖质层 pH	0.06	−0.14
腐殖质层有机质质量分数	0.48	−0.23
腐殖质层全氮质量分数	0.32	−0.30
腐殖质层全磷质量分数	0.25	−0.33
腐殖质层全钾质量分数	−0.06	0.07
淋溶层 pH	0.17	−0.07
淋溶层有机质质量分数	0.17	−0.13
淋溶层全氮质量分数	0.09	−0.19
淋溶层全磷质量分数	0.22	−0.29
淋溶层全钾质量分数	−0.09	−0.12

更新林分可以分为两组：第一组为落叶松幼苗、白桦幼苗、落叶松小苗，三者聚集于坐标原点附近，表明这些林分在整个区域分布均匀或者分布于生境梯度的中值区域；第二组为白桦小苗、落叶松幼树、白桦幼树，三者箭头比较长，比第一组分布较散，表明这些林分受个别生境因子影响较大（图 4-7）。全模型虽然能较大程度反映落叶松林更新苗木间的显著差异，但是生境因子较多，大部分生境因子对更新状态的影响很小，而且不利于后续分析。因此，采用解释变量的前向选择法进行变量筛选，寻找冗余分析简约模型。简约冗余分析结果显示，枯枝落叶层厚度、腐殖质层全氮质量分数、郁闭度、草本盖度、平均树高 5 个因子对林分更新密度影响最大，因此这 5 个因子进入简约模型（图 4-8）。这 5 个生境因子（方差膨胀因子均小于 2.5）对林分更新密度影响的累计贡献率为 57.10%，占 25 个生境因子对林分更新密度贡献率的 74%，前 2 个排序轴的累计贡献率为 97.04%（表 4-6）。

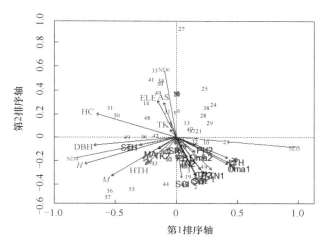

图 4-7　生境因子对林分更新密度影响在冗余分析中的排序（彩图请扫封底二维码）

图中的数字 1～57 为样地编号。ELE 为海拔；DBH 为平均胸径；H 为平均树高；N 为林分密度；M 为林分蓄积量；CW 为郁闭度；SCI 为树种组成指数；AS 为角尺度；SR 为大小比；MA 为混交度；SC 为灌木盖度；HC 为草本盖度；LTH 为枯枝落叶层厚度；HTH 为腐殖质层厚度；STH 为淋溶层厚度；PH1 为腐殖质层 pH；Oma1 为腐殖质层有机质质量分数；TN1 为腐殖质层全氮质量分数；TP1 为腐殖质层全磷质量分数；TK1 为腐殖质层全钾质量分数；PH2 为淋溶层 pH；Oma2 为淋溶层有机质质量分数；TN2 为淋溶层全氮质量分数；TP2 为腐殖质层全磷质量分数；TK2 为淋溶层全钾质量分数；ND1 为落叶松幼苗；ND2 为白桦幼苗；ND3 为落叶松小苗；ND4 为白桦小苗；ND5 为落叶松幼树；ND6 为白桦幼树

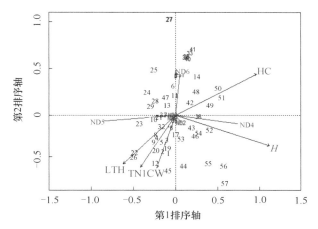

图 4-8　5 个生境因子对林分更新密度影响在冗余分析中的排序（彩图请扫封底二维码）

图中的数字 1～57 为样地编号。LTH 为枯枝落叶层厚度；TN1 为腐殖质层全氮质量分数；CW 为郁闭度；HC 为草本盖度；H 为平均树高；ND1 为落叶松幼苗；ND2 为白桦幼苗；ND3 为落叶松小苗；ND4 为白桦小苗；ND5 为落叶松幼树；ND6 为白桦幼树

4.2.5　简约模型更新密度等值线

为了更加直观地分析生境因子对林分更新密度的影响，提取冗余分析简约模

型中的变量，即平均树高、郁闭度、枯枝落叶层厚度、草本盖度、腐殖质层全氮质量分数 5 个生境因子，得到不同树种、不同等级更新密度的冗余分析等值线图（图 4-9～图 4-14），这 5 个生境因子对林分更新密度影响的贡献率为 57.10%，占全部生境因子对林分更新密度影响贡献率的 74%。

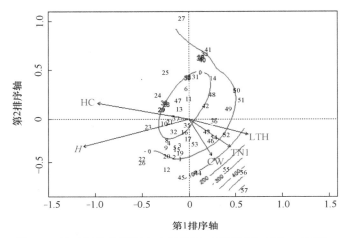

图 4-9　落叶松幼苗更新密度等值线（彩图请扫封底二维码）

图中的数字 1～57 为样地编号。LTH 为枯枝落叶层厚度；TN1 为腐殖质层全氮质量分数；CW 为郁闭度；HC 为草本盖度；H 为平均树高

　　由图 4-9 可见，落叶松幼苗更新密度等值线形成 1 个半封闭圆弧，涵盖了枯枝落叶层厚度、腐殖质层全氮质量分数、郁闭度 3 个因子箭头经过的区域，因而

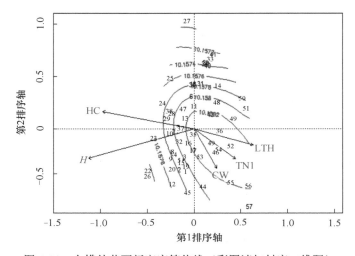

图 4-10　白桦幼苗更新密度等值线（彩图请扫封底二维码）

图中的数字 1～57 为样地编号。LTH 为枯枝落叶层厚度；TN1 为腐殖质层全氮质量分数；CW 为郁闭度；HC 为草本盖度；H 为平均树高

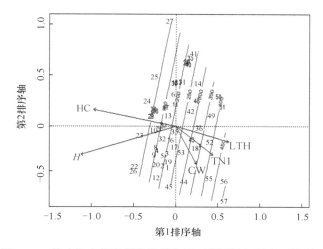

图 4-11 落叶松小苗更新密度等值线（彩图请扫封底二维码）

图中的数字 1～57 为样地编号。LTH 为枯枝落叶层厚度；TN1 为腐殖质层全氮质量分数；CW 为郁闭度；HC 为草本盖度；H 为平均树高

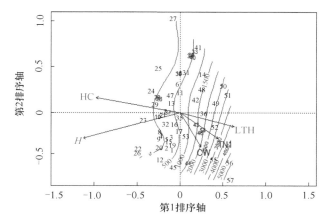

图 4-12 白桦小苗更新密度等值线（彩图请扫封底二维码）

图中的数字 1～57 为样地编号。LTH 为枯枝落叶层厚度；TN1 为腐殖质层全氮质量分数；CW 为郁闭度；HC 为草本盖度；H 为平均树高

落叶松幼苗更新密度与这 3 个因子相关性不明显。在垂直于落叶松幼苗更新密度等值线上，随着平均树高、草本盖度增大，更新层密度逐渐减小。等值线密度整体变化很小，更新密度多为 10 株/hm^2，说明落叶松更新幼苗稀少。

由图 4-10 可见，白桦幼苗更新密度等值线在坐标原点呈椭圆形，外围呈半封闭圆弧，而椭圆等值线为零值，说明草本盖度、平均树高变化对白桦幼苗更新密度影响不显著。在垂直于白桦幼苗更新密度等值线上，随着枯枝落叶层厚度、腐殖质层全氮质量分数、郁闭度的增大，白桦更新幼苗密度增大。除了 44、

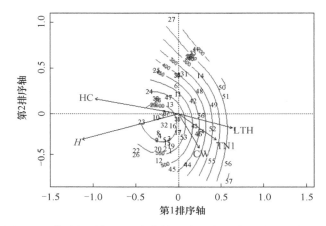

图 4-13   落叶松幼树更新密度等值线（彩图请扫封底二维码）

图中的数字 1～57 为样地编号。LTH 为枯枝落叶层厚度；TN1 为腐殖质层全氮质量分数；CW 为郁闭度；HC 为
草本盖度；H 为平均树高

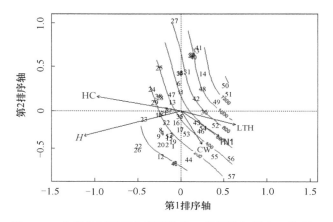

图 4-14   白桦幼树更新密度等值线（彩图请扫封底二维码）

图中的数字 1～57 为样地编号。LTH 为枯枝落叶层厚度；TN1 为腐殖质层全氮质量分数；CW 为郁闭度；HC 为
草本盖度；H 为平均树高

46、55、56、57 号样地外，其余样地基本无白桦幼苗更新，说明翠岗林场、新林林场样地白桦幼苗更新不良；壮志林场部分样地虽然有白桦更新幼苗，但其更新密度也较低。

由图 4-11 可见，在垂直于落叶松小苗更新密度等值线上，更新密度从左至右逐渐增大，即更新密度与枯枝落叶层厚度、腐殖质层全氮质量分数、郁闭度 3 个因子呈正相关关系，与草本盖度、平均树高呈负相关关系。

由图 4-12 可见，在垂直于白桦小苗更新密度等值线上，随着草本盖度、平均树高的增大，白桦小苗更新密度减小。随着枯枝落叶层厚度、郁闭度、腐殖质层全氮质量分数的增大，更新密度增大。从左至右，密度等值线逐渐变密，白桦小苗更新密度差异较大，大部分样地白桦小苗更新不良，缺乏更新。

由图 4-13 可见，沿着草本盖度、平均树高箭头方向形成一层层半闭合圆弧；沿着水平轴方向等值线密度逐渐变小；在垂直于落叶松幼树更新密度等值线上，随着草本盖度、平均树高的增加，落叶松幼树更新密度先增加后减小。更新密度与枯枝落叶层厚度、腐殖质层全氮质量分数、郁闭度 3 个变量呈负相关关系。

由图 4-14 可见，在垂直于白桦幼树更新密度等值线上，随着草本盖度、平均树高的增大，白桦幼树更新密度减小。随着枯枝落叶层厚度的增大，白桦幼树更新密度增大。腐殖质层全氮质量分数、郁闭度箭头与更新密度等值线基本保持平行，故腐殖质层全氮质量分数、郁闭度变化对白桦幼树更新密度的影响不显著。

结合图 4-9、图 4-10 分析，落叶松和白桦幼苗均存在更新不良的问题，绝大部分样地出现无更新幼苗的情况。结合图 4-11、图 4-12 发现，白桦小苗更新密度整体好于落叶松小苗的更新密度；落叶松小苗更新密度各样地间差异较小，而白桦小苗更新密度等值线疏密变化较大，即各样地间更新差异较大。结合图 4-13、图 4-14 分析，落叶松和白桦幼树更新密度各样地间相差不大，二者均存在更新不良的问题。整体来看，林分更新密度与平均树高、草本盖度呈负相关关系，与枯枝落叶层厚度、腐殖质层全氮质量分数、郁闭度 3 个因子呈正相关关系。其中，落叶松幼树与其他苗木更新密度稍有差异，落叶松幼树更新密度与平均树高、草本盖度的相关性不呈线性增长趋势，而呈先增大后减小的趋势；与枯枝落叶层厚度、腐殖质层全氮质量分数、郁闭度呈负相关关系。

4.2.6 生境因子对林分更新密度的影响

为了量化林分因子、土壤因子两组因子单独及共同影响的差异，本节采用变差分解的方法，分别对林分因子、土壤因子进行解释变量前向选择。其中，林分因子简约组合为平均树高、草本盖度、郁闭度，土壤因子简约组合为枯枝落叶层厚度、淋溶层厚度、淋溶层全磷质量分数、腐殖质层厚度。林分因子单独对林分更新密度影响的贡献，占生境因子对林分更新密度影响总贡献率的 72.28%；而土壤因子对林分更新密度影响的贡献率较低，只占生境因子对林分更新密度影响总贡献率的 13.14%；两组因子共同对林分更新密度影响的贡献率，占生境因子对林分更新密度影响总贡献率的 14.58%（图 4-15）。总体来看，林分因子对林分更新密度的影响大于土壤因子对林分更新密度的影响。

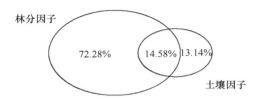

图 4-15   不同生境因子对林分更新密度影响的贡献率

张树梓等（2015）研究表明，III龄级林分天然更新苗在早期生长中，受土壤枯落物因子限制比较大，随着生长继续，林分结构因子逐渐代替土壤枯落物因子成为主要的更新限制因子，而这种现象在IV龄级林分中体现不明显。王笑梅等（2017）研究发现，当冬青重要值较高时，林分结构因子是主要影响因子，土壤因子影响较小；当冬青重要值较低时，土壤因子的影响大于林分结构因子。而本节的变差分解结果表明，林分因子对林分更新密度的影响大于土壤因子。根据林分更新密度等值线图（图 4-9、图 4-10）发现，大兴安岭地区更新幼苗萌发量低，导致在排序时无法体现土壤因子对更新苗在前期生长的限制影响；而更新小苗、幼树的密度与更新幼苗密度相比明显增大，因此结果显示，林分因子对天然更新的影响大于土壤因子。此外，本节只选取了土壤因子的 6 个指标，即全氮质量分数、全钾质量分数、全磷质量分数、pH、有机质质量分数、土壤厚度，还不能全面反映林分的养分状况和物理性质。在实际林分中，对更新产生影响的土壤因子还有很多，在以后的研究中，应对土壤的速效钾质量分数、有效磷质量分数、孔隙度、凋落物持水量等方面进一步研究，从而全面揭示土壤因子对更新的影响。

林分更新与生境因子的关系比较复杂，不同的研究结果不尽相同。灌草植被的地上、地下竞争改变了林下光照、土壤湿度、温度以及凋落物的分布。林下层对幼苗出现和定居的干预，不仅直接与其进行资源竞争，还间接影响种子捕食者行为，从而对幼苗定居与生长产生影响（Denslow and Ellison，1991；玉宝等，2009）。不同灌草的地上、地下竞争会影响更新苗的光合作用与生物量的积累（梁建萍等，2005）。杂草的地上竞争可加剧更新苗的空间竞争压力，并限制更新苗的光合作用；地下竞争可争夺土壤养分与水分，导致更新苗的光补偿点提高、净光合速率下降，限制幼苗的生长发育。因此，随着林下草本盖度的增加，更新密度呈下降趋势。

林地凋落物对种子萌发、幼苗建立和生长有双重作用（Facelli and Pickett，1991）。有研究表明，枯枝落叶层对种子有自毒作用（刘芳黎等，2017）。即使有充足的种源也很难形成更新，种子散落在枯枝落叶层，林内湿度造成种子发霉、失去活力而无法萌发。枯落物覆盖的种子存活率明显高于裸露微生境，且与枯枝落叶层厚度呈正相关关系（Cintra，1997）。枯落物对种子有保护作用，可防止动物觅食种子。此外，枯枝落叶层导热不良，可防止土壤升温过快而造成水分蒸腾，枯落物分解后还能为土壤提供营养元素。白桦种子和落叶松种子通常停留在枯枝落叶层（阿日根等，2018；冯倩倩等，2019），这也验证了本节更新密度与枯枝落叶层厚度呈正相关关系的结论。

土壤氮素质量分数是幼苗生长的限制因子之一（Bungard *et al.*，2002）。宋新章（2007）研究发现，全氮质量分数对幼苗的密度有显著的决定性作用，全磷质量分数对幼苗的径生长有较大的促进作用，全钾质量分数对幼苗的高生长有很大的促进作用。而研究也证明了更新密度与腐殖质层全氮质量分数呈正相关关系。在郁闭度小于 0.7 时，白皮松林下天然更新密度较大；当郁闭度大于 0.8 时，天然更新密度小，而且天然更新幼苗成活率降低（王永杰和张首军，2008）。兴安落叶松与白桦皆为阳性树种，当林分郁闭度过高时，林下光照不足，将限制白桦与落叶松更新，大部分天然更新幼苗未进入主林层之前便逐渐枯死。但当郁闭度过小时，林下光照过强，土壤温度过高，水分流失较多，也不利于林分更新。而大兴安岭地区大部分林分郁闭度偏低，因而结果显示，林分更新密度与郁闭度呈正相关关系。叶面积指数与林分平均树高呈显著负相关关系（姚丹丹等，2015）。叶面积指数越大，林分郁闭度越差，即林分平均树高与郁闭度呈负相关关系，更新密度与林分平均树高呈负相关关系，本研究结果与其他学者的研究结果一致（张凌宇和刘兆刚，2019）。

大兴安岭地区主要影响林分更新的生境因子是：林分平均树高、郁闭度、枯枝落叶层厚度、草本盖度、腐殖质层全氮质量分数，这 5 个生境因子对林分更新密度影响的贡献率为 57.10%。从变量分解结果来看，林分因子对林分更新密度的影响大于土壤因子。大兴安岭地区主要树种更新不良，缺乏幼苗更新。3 个区域的更新无明显差异，落叶松、白桦树种之间更新密度差异明显，幼苗、小苗、幼树 3 个等级更新密度差异明显。整体来看，大兴安岭地区主要树种更新密度与林分平均树高、草本盖度呈负相关关系，与枯枝落叶层厚度、腐殖质层全氮质量分数、郁闭度呈正相关关系。

4.3 主要林分类型更新的关键可控因素

森林中的乔木层在生长现阶段占有着该生态区域大多数的生长资源，但对于未来森林的生长状态和演替走向，更新层在多个方面占据着重要的地位，如未来种群空间格局、群落组成和结构等。研究认为土壤化学性质如全磷质量分数、有机质含量和酸碱度等，会影响更新密度及更新多样性（任学敏等，2012，2019），草本盖度、灌木盖度、立地条件、林分密度、郁闭度、腐殖质层厚度和枯枝落叶层厚度则会影响更新幼苗和幼树的生长（康冰等，2012；黄朗等，2019），但各影响因素间又存在着错综复杂的耦合关系，在林分更新科学研究和经营管理实践中很难量化各因素对更新数量、树种存活和生长所产生的直接或间接作用。由于更新影响因素的复杂性和交互性，并不能单靠一对一的简单关系来直接描述，故引入结构方程模型来辅助研究。结构方程模型是一种建立、估计和检验因果关系的模型，其中既包含可观测的显变量，也可能包含无法直接观测的潜变量，其优势在于能够较好地处理不同变量间直接或者间接的关系，清晰地展现各变量之间的因果关系或其他关系（刘军和富萍萍，2007；辛士波等，2014；Bell et al., 2016；Wei et al., 2018），这也为森林的可持续经营、森林生态学研究提供了较为独特的研究角度。

大兴安岭地区森林面积广袤且多为原始森林，兴安落叶松林作为大兴安岭地区顶级群落之一，由于长期以来的人为砍伐，现存的落叶松林多数转化为次生林，林分的结构、功能和稳定性发生了显著退化。因此科学地调节和控制制约更新的关键因素，稳定地维持或提高更新数量和树种存活率，有助于该地区森林生态系统的高效恢复。为此，本节旨在利用结构方程模型来量化和提取影响兴安落叶松天然更新的关键可控因素，为大兴安岭兴安落叶松天然林的恢复和演替提供有效的森林经营规划理论依据。

在全面踏查的基础上，于 2018～2019 年在大兴安岭新林林业局翠岗林场选择兴安落叶松蓄积占比不同的林分，设置固定调查样地 49 块，样地面积均为 20m×30m。对标准样地内林木进行每木检尺（包括更新幼苗），测量并记录各林木的树种、胸径、树高、地径、冠幅及相对坐标等。在每块样地内，分别于样地中心和 4 个角点各取回 1 份土壤样品，风干、研磨后按照《土壤农业化学分析方法》测定土壤 pH、全磷含量、全钾含量、全氮含量和有机质含量（牟兆军等，2019；易晨等，2015）。各样地基本特征见表 4-8。

表 4-8　样地基本特征

兴安落叶松蓄积占比	样地数（块）	基本特征	最小值	最大值	平均值	标准差	变异系数
70%以上	23	平均胸径（cm）	10.0	22.2	13.8	2.654	0.192
		平均树高（m）	9.5	16.5	11.7	1.683	0.144
		株数密度（株/hm²）	567.0	2500.0	1515.2	502.288	0.331
		单位蓄积（m³/hm²）	68.9	223.1	141.3	46.228	0.327
50%～70%	13	平均胸径（cm）	11.0	16.6	12.8	1.448	0.113
		平均树高（m）	10.1	15.3	11.7	1.454	0.124
		株数密度（株/hm²）	883.0	2367.0	1480.8	355.353	0.240
		单位蓄积（m³/hm²）	75.8	157.7	121.2	24.303	0.201
50%以下	13	平均胸径（cm）	11.2	14.9	12.7	1.008	0.079
		平均树高（m）	9.7	12.4	11.2	0.696	0.062
		株数密度（株/hm²）	1000.0	1900.0	1330.7	221.491	0.166
		单位蓄积（m³/hm²）	83.1	175.4	106.2	24.388	0.230

4.3.1 关键指标

参考前人研究结果（黄朗等，2019；任学敏等，2019；张凌宇，2020；魏玉龙和张秋良，2020），分别从林分非空间结构、林分空间结构、林木多样性、土壤条件和立地条件 5 个方面选择观测指标。其中，林分非空间结构包括平均胸径、平均树高、郁闭度、株数密度和单位蓄积；林分空间结构包括角尺度、大小比、混交度、林分空间结构指数（董灵波等，2013；张君钰等，2020；刘玉平等，2020）和空间分布方式（聚集分布、随机分布和均匀分布）；林木多样性包括胸径、树高和树种三个方面，分别采用 Shannon-Wiener 指数、Simpson 指数和 Pielou 均匀度指数（吴昊等，2020）三个指标来度量，其中更新层的胸径多样性采用地径来代替；土壤条件包括 pH、有机质含量、全磷含量、全钾含量和全氮含量；立地条件包括海拔、坡向、坡位和坡度。部分关键指标计算公式见表 4-9。

表 4-9 林木多样性和空间结构指标计算公式

项目	指标	计算公式	参考文献
林木空间结构	角尺度	$W_i = \dfrac{1}{n}\sum\limits_{j=1}^{n} z_{ij}$	
	大小比	$U_i = \dfrac{1}{n}\sum\limits_{j=1}^{n} k_{ij}$	张君钰等，2020 刘玉平等，2020
	混交度	$M_i = \dfrac{1}{n}\sum\limits_{j=1}^{n} V_{ij}$	
	林分空间结构指数	$\text{FSSI} = \begin{cases} \left[M(1-U)\times 2W \right]^{0.3333} & ,W \leq 0.5 \\ \left[M(1-U)\times 2(1-W) \right]^{0.3333} & ,W > 0.5 \end{cases}$	董灵波等，2013
林木多样性	Shannon-Wiener 指数	$H' = -\sum\limits_{i=1}^{n} \dfrac{B_i}{B}\left(\ln\dfrac{B_i}{B} \right)$	
	Simpson 指数	$D = 1 - \sum\limits_{i=1}^{n} P_i^2$	周建平等，2015 吴昊等，2020
	Pielou 均匀度指数	$J = \dfrac{H'}{\ln S}$	

注：W_i 为第 i 株中心木的角尺度，n 表示相邻木个数，若第 j 个 α 角小于标准角 α_0，则 $z_{ij}=1$，否则 $z_{ij}=0$；U_i 为树种的第 i 个大小比，若相邻木 j 比参照木 i 胸径小，则 $k_{ij}=1$，否则 $k_{ij}=0$；M_i 为混交度，若相邻木 j 与参照木 i 为不同树种，则 $V_{ij}=1$，否则 $V_{ij}=0$；M 为林分平均混交度，W 为林分平均角尺度，U 为林分平均大小比，FSSI 为林分空间结构指数；H' 为 Shannon-Wiener 指数，D 为 Simpson 指数，J 为 Pielou 均匀度指数，B 为样方内总个体数，B_i 为样方内第 i 个物种的个体数，P_i 为第 i 个树种的个体数占样方中总个体数的比例，S 为样方内总物种数，下同

4.3.2 模型选择

更新苗木生长过程生境复杂，影响因子种类繁多，这使得更新影响因子之间具有高度的复杂性和交互性，因此一般的模型很难揭示各自变量之间的关系，故本研究引入结构方程模型来进行研究。结构方程模型分为结构模型和测量模型两部分（方杰等，2014；Hair *et al.*，2020），其中测量模型为

$$X = \Lambda_x \xi + \delta \tag{4-4}$$

$$Y = \Lambda_y \eta + \varepsilon \tag{4-5}$$

式中，X、Y 分别表示外生测量变量和内生测量变量，ξ、η 分别表示外生潜变量和内生潜变量，Λ_x 表示 X 在 ξ 上的因子载荷矩阵，Λ_y 表示 Y 在 η 上的因子载荷矩阵，δ、ε 表示测量误差。

结构模型通用表达式为

$$\eta = B\eta + \Gamma\xi + \zeta \tag{4-6}$$

式中，B 表示内生潜变量之间的作用路径系数矩阵，Γ 表示外生潜变量与内生潜变量之间的路径系数矩阵，ζ 表示随机干扰项。

参照《森林资源规划设计调查技术规程》（GB/T 26424—2010）天然更新等级划分标准，选用更新高度≥51cm 条件下的更新数量进行等级判别，即 1hm² 样地中更新数量≥2500 株代表更新状态良好，更新数量≥500 株且≤2499 株代表更新状态中等，更新数量<500 株代表更新状态不良。将坡位的上、中和下分别赋值为 1、2 和 3；将坡度的平、缓和斜分别赋值为 1、2 和 3；将空间分布方式中均匀分布、随机分布和聚集分布分别赋值为 0、1 和 0.5；将坡向由东方向顺时针至东北方向赋值为 1～8。为消除各观测变量之间的量纲关系，使数据具有可比性，将各项观测指标进行标准化和归一化处理，其中由于角尺度是一种中间型的适度指标，因此还对其进行了正向化处理（陈莹等，2019）：

$$W_i' = \begin{cases} 1 - 0.475 - W_i & W_i < 0.475 \\ 1 & 0.475 \leqslant W_i \leqslant 0.517 \\ 1 - W_i - 0.517 & W_i > 0.517 \end{cases} \tag{4-7}$$

式中，W_i' 为正向化后的角尺度，W_i 为各样地的平均角尺度。

数据标准化、正向化、相关性分析以及显著性检验使用 R3.6.2 实现；结构方程模型的构建、路径分析、模型修正以及模型适配性检验使用 Amos 23.0 完成（方绮雯等，2018），其中路径系数估计采用最小二乘法实现（白江迪等，2019）；角尺度、大小比和混交度使用 Winkelmass 计算（设 5m 缓冲区）；其余指标计算均使用 Excel 完成。

4.3.3 观测变量基本特征

根据上述数据处理方法得出各观测变量基本特征，见表 4-10。兴安落叶松天然林的平均更新密度为 1382 株/hm²，更新状态良好的样地占 6%，更新状态中等的样地占 80%，更新状态不良的样地占 14%；土壤条件中 pH 均值为 5.162，表明兴安落叶松林内土壤整体为酸性，土壤有机质、全氮、全磷和全钾含量均值分别为 5.368%、3.650g/kg、1.674g/kg 和 9.345g/kg，表明该地区土壤养分含量相对较高；林分单位蓄积平均值为 126.662m³/hm²，明显高于全国平均水平（89.00m³/hm²）；林分平均郁闭度为 0.665，表明该地区林分密度相对较大；林分平均角尺度、大小比和混交度分别为 0.490、0.493 和 0.374，表明兴安落叶松天然林整体处于随机、中庸和弱度混交状态；林分空间结构指数平均值为 0.528，也表明该地区林分整体空间结构相对较差；林分空间分布方式的平均值为 0.653，表明该地区兴安落叶松林整体以聚集分布为主。

表 4-10　样地内各观测变量基本特征

潜变量	观测变量	取值范围	均值	标准偏差
立地条件	海拔（m）	404.0～676.3	480.363	58.470
	坡度（°）	1～3	1.204	0.494
	坡向	1～8	5.918	2.266
	坡位	1～3	2.122	0.385
土壤条件	pH	4.03～6.41	5.162	0.501
	有机质含量（%）	4.74～6.68	5.368	0.452
	全氮含量（g/kg）	1.23～9.11	3.650	1.723
	全磷含量（g/kg）	1.51～1.96	1.674	0.121
	全钾含量（g/kg）	8.05～10.85	9.345	0.700
林木多样性	胸径 Shannon-Wiener 指数	1.59～2.53	2.065	0.202
	胸径 Simpson 指数	0.79～0.96	0.856	0.033
	胸径 Pielou 均匀度指数	0.76～0.97	0.882	0.048
	树高 Shannon-Wiener 指数	1.44～2.11	1.810	0.142
	树高 Simpson 指数	0.73～0.87	0.813	0.030
	树高 Pielou 均匀度指数	0.78～0.99	0.884	0.048
	树种 Shannon-Wiener 指数	0.05～1.16	0.687	0.258
	树种 Simpson 指数	0.02～0.64	0.405	0.147
	树种 Pielou 均匀度指数	0.07～1.00	0.646	0.215
非空间结构	平均胸径（cm）	9.99～18.2	13.189	1.805
	平均树高（m）	9.5～15.6	11.549	1.375
	单位蓄积（m³/hm²）	68.93～223.11	126.662	39.199
	郁闭度	0.5～0.9	0.665	0.077

续表

潜变量	观测变量	取值范围	均值	标准偏差
空间结构	角尺度	0.412~0.578	0.490	0.039
	大小比	0.41~0.61	0.493	0.040
	混交度	0~1	0.374	0.204
	林分空间结构指数	0~0.79	0.528	0.148
	林分空间分布方式	0~1	0.653	0.381
更新	更新密度（株/hm^2）	117~4066	1382	799
	更新树高 Shannon-Wiener 指数	1.33~3.30	2.616	0.446
	更新树高 Simpson 指数	0.73~0.96	0.899	0.056
	更新树高 Pielou 均匀度指数	0.67~0.97	0.890	0.067
	更新地径 Shannon-Wiener 指数	1.43~3.23	2.611	0.419
	更新地径 Simpson 指数	0.68~0.96	0.899	0.055
	更新地径 Pielou 均匀度指数	0.78~0.98	0.894	0.050
	更新树种 Shannon-Wiener 指数	0.26~1.33	0.794	0.252
	更新树种 Simpson 指数	0.13~0.72	0.484	0.137
	更新树种 Pielou 均匀度指数	0.37~1.00	0.754	0.189

4.3.4 观测变量相关性分析

对表 4-10 中的各观测变量在 0.05 水平下进行相关性分析和显著性检验，结果见图 4-16。在 666 个观测变量对间，355 个变量对间显著正相关，2 个变量对间显著负相关。其中更新密度与乔木层树种 Shannon-Wiener 指数（0.430，$P=0.002$）、树种 Simpson 指数（0.352，$P=0.012$）呈正相关关系，与单位蓄积（−0.300，$P=0.034$）呈负相关关系；更新树种 Shannon-Wiener 指数、更新树种 Simpson 指数、更新树种 Pielou 均匀度指数、更新树高 Shannon-Wiener 指数和更新地径 Shannon-Wiener 指数与各观测变量在 0.05 水平下的相关性相对较差，故不予考虑；各观测变量中海拔、pH、有机质含量、全磷含量、全钾含量、乔木层胸径多样性、乔木层树高多样性、平均胸径、平均树高、郁闭度、角尺度、大小比与更新树高多样性和更新胸径多样性在 0.05 水平下的相关性较好。各观测变量对间高度的相关性表明，本研究选用结构方程模型来量化和提取影响更新数量和多样性的关键可控因素是合理的。

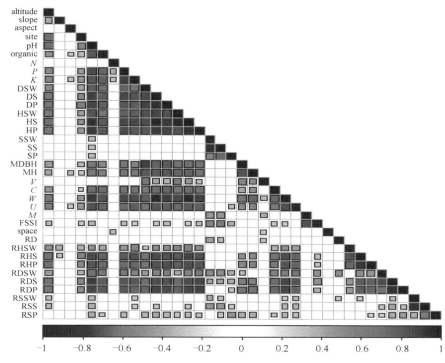

图 4-16　各观测变量在 0.05 水平下的相关性（彩图请扫封底二维码）

图中 altitude 为海拔，slope 为坡度，aspect 为坡向，site 为坡位，pH 为酸碱度，organic 为有机质含量，N 为全氮含量，P 为全磷含量，K 为全钾含量，DSW 为胸径 Shannon-Wiener 指数，DS 为胸径 Simpson 指数，DP 为胸径 Pielou 均匀度指数，HSW 为树高 Shannon-Wiener 指数，HS 为树高 Simpson 指数，HP 为树高 Pielou 均匀度指数，SSW 为树种 Shannon-Wiener 指数，SS 为树种 Simpson 指数，SP 为树种 Pielou 均匀度指数，MDBH 为平均胸径，MH 为平均树高，V 为单位蓄积，C 为郁闭度，W 为角尺度，U 为大小比，M 为混交度，FSSI 为林分空间结构指数，space 为林分空间分布方式，RD 为更新密度，RHSW 为更新树高 Shannon-Wiener 指数，RHS 为更新树高 Simpson 指数，RHP 为更新树高 Pielou 均匀度指数，RDSW 为更新地径 Shannon-Wiener 指数，RDS 为更新地径 Simpson 指数，RDP 为更新地径 Pielou 均匀度指数，RSSW 为更新树种 Shannon-Wiener 指数，RSS 为更新树种 Simpson 指数，RSP 为更新树种 Pielou 均匀度指数

4.3.5　更新密度影响因素

4.3.5.1　观测变量筛选

由于更新密度与各观测变量间的相关性相对较差，因此在选定更新密度观测变量时需参考其他学者研究结果，并适当考虑相关性及其显著性进行指标筛选，如立地条件中海拔、坡度、坡向和坡位与更新密度的相关系数分别为 –0.016（$P=0.913$）、0.040（$P=0.785$）、0.262（$P=0.060$）和 0.046（$P=0.749$），综合考虑后选用坡向作为更新密度结构方程模型中立地条件的观测变量。最终分别选用坡向为立地条件的观测变量，pH、有机质含量和全钾含量作为土壤条件的观测

变量，树种 Shannon-Wiener 指数作为林木多样性的观测变量，单位蓄积作为林木非空间结构的观测变量，林分空间结构指数（FSSI）作为林木空间结构的观测变量。各观测变量与更新密度间的相关性如表 4-11 所示，其中树种 Shannon-Wiener 指数和单位蓄积与更新密度的相关性均在 0.05 水平下显著，而其余指标与更新密度的相关性均在 0.10 水平下显著。

表 4-11　更新密度与观测变量的相关系数及其显著性

项目	相关系数
坡向	0.262（P=0.060）
pH	0.276（P=0.052）
有机质含量	0.246（P=0.085）
全钾含量	0.218（P=0.092）
树种 Shannon-Wiener 指数	0.430（P=0.002）
单位蓄积	−0.300（P=0.034）
林分空间结构指数（FSSI）	0.265（P=0.063）

4.3.5.2　更新密度模型构建

根据表 4-11 中选定的观测变量进行结构方程模型的构建与检验，使用修正指数（modification index，MI）以及临界比（critical ratio，CR）进行模型修正。经修正后模型拟合度良好，其中 χ^2 =21.033（P=0.278>0.05），χ^2/df =1.169<3，拟合优度指数（GFI）=0.914，拟合指数（CFI）=0.978，增量拟合指数（IFI）=0.979，规范拟合指数（NFI）=0.872，调整后的拟合优度指数（AGFI）=0.828，近似均方根残差（RMSEA）=0.059<0.06，赤池信息量准则（AIC）=57.033，贝叶斯信息准则（BIC）=65.133。更新密度结构方程模型路径图见图 4-17。

各观测变量对更新密度的影响见表 4-12。林分非空间结构对更新密度的总影响最大（−0.410，其中直接影响为−0.358，间接影响为−0.052），其次分别为林木多样性（0.380，无间接影响）、土壤条件（0.250，其中直接影响为0.254，间接影响为−0.004）、立地条件（0.249，其中直接影响为 0.295，间接影响为−0.046）和林分空间结构（0.197，其中直接影响为−0.136，间接影响为 0.333）。土壤条件潜变量下的 3 个观测变量（即 pH、全钾含量和有机质含量）的路径系数分别为 0.82、0.85 和 0.86。

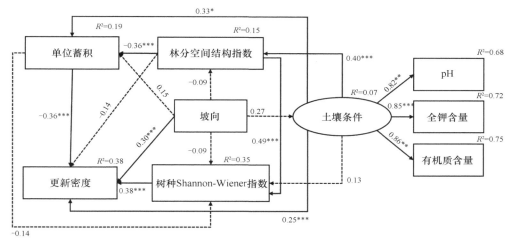

图 4-17　更新密度结构方程模型路径图
图中将不显著的路径（即 $P>0.05$）标注为虚线，显著的路径（即 $P<0.05$）标注为实线
***表示 $P<0.001$，**表示 $P<0.01$，*表示 $P<0.05$

表 4-12　各观测变量对更新密度的影响

潜变量	总影响	直接影响	间接影响
林分非空间结构	−0.410	−0.358	−0.052
林木多样性	0.380	0.380	0.000
土壤条件	0.250	0.254	−0.004
立地条件	0.249	0.295	−0.046
林分空间结构	0.197	−0.136	0.333

4.3.6　更新多样性影响因素

4.3.6.1　观测变量筛选

相对而言，更新多样性（选用更新树高 Simpson 指数和更新地径 Pielou 均匀度指数作为更新多样性的观测变量）与各观测变量间的相关性均达到极显著水平（$P<0.001$），根据相关性大小选用海拔作为立地条件的观测变量，pH、全磷含量和全钾含量作为土壤条件的观测变量，平均树高、平均胸径和郁闭度作为林分非空间结构的观测变量，角尺度作为林分空间结构的观测变量，树高 Simpson 指数作为林分多样性的观测变量。如表 4-13 所示，以上观测变量与更新多样性的相关性均在 0.001 水平下显著。

表 4-13 更新多样性与观测变量的相关系数及显著性

项目	相关系数	
	更新树高 Simpson 指数	更新地径 Pielou 均匀度指数
海拔	0.707***	0.674***
pH	0.715***	0.750***
全磷含量	0.784***	0.819***
全钾含量	0.824***	0.759***
平均树高	0.526***	0.661***
平均胸径	0.507***	0.647***
郁闭度	0.643***	0.738***
树高 Simpson 指数	0.857***	0.876***
角尺度	0.865***	0.893***

***表示 $P<0.001$

4.3.6.2 更新多样性模型构建

根据表 4-13 的观测变量进行更新多样性结构方程模型的构建并根据修正指数（MI）及临界比（CR）进行修正。在正常生长状态下，同一林分中的林木平均树高与平均胸径存在相关关系，故接受观测变量平均树高与平均胸径之间的 MI 修正；土壤 pH 会影响样地林木根系理化性质，从而对林分非空间结构产生一定影响，故接受观测变量 pH 与平均树高之间的 MI 修正；潜变量非空间结构中含有观测变量平均树高，正常状态下乔木层的林木树高会在一定程度上影响更新层的苗木高度，故接受潜变量非空间结构与观测变量更新树高 Simpson 指数之间的 MI 修正。修正后模型拟合状态良好，其中 χ^2=42.961（P=0.231>0.05），χ^2/df=1.161<3，GFI=0.878，CFI=0.991，IFI=0.991，NFI=0.938，AGFI=0.782，RMSEA= 0.057<0.06，AIC=100.961，BIC=119.772。更新多样性结构方程模型路径图见图 4-18。

各观测变量对于潜变量更新多样性下的更新树高 Simpson 指数和更新地径 Pielou 均匀度指数的影响见表 4-14。各观测变量对更新树高 Simpson 指数标准化总影响最大的为土壤条件（0.708），其次为立地条件（0.670）、林分空间结构（0.611）、林分非空间结构（0.317）和林木多样性（0.088）；对更新地径 Pielou 均匀度指数标准化总影响最大的为土壤条件（0.701），其次为立地条件（0.664）、林分空间结构（0.605）、林分非空间结构（0.314）和林木多样性（0.087）。各观测变量对更新多样性指数的标准化总影响由大到小为立地条件（0.775）、土壤条件（0.734）、林分空间结构（0.669）、林分非空间结构（0.347）和林木多样性（0.096）。更新多样性下各观测变量的路径系数分别为更新树高

Simpson 指数 0.90 和更新地径 Pielou 均匀度指数 0.91；非空间结构下各观测变量的路径系数分别为平均树高 0.78、平均胸径 0.68 和郁闭度 0.74；土壤条件下各观测变量的路径系数分别为 pH 0.82、全钾含量 0.94 和全磷含量 0.93。

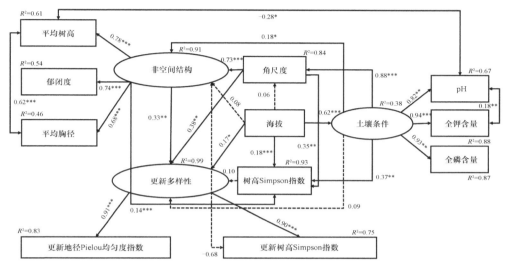

图 4-18　更新多样性结构方程模型路径图
图中将不显著的路径（即 $P>0.05$）标注为虚线，显著的路径（即 $P<0.05$）标注为实线
***表示 $P<0.001$，**表示 $P<0.01$，*表示 $P<0.05$

表 4-14　各观测变量对更新多样性的影响

观测变量	更新多样性			更新树高 Simpson 指数	更新地径 Pielou 均匀度指数
	总影响	直接影响	间接影响	总影响	总影响
立地条件	0.775	0.090	0.685	0.670	0.664
土壤条件	0.734	0.166	0.568	0.708	0.701
林分空间结构	0.669	0.381	0.288	0.611	0.605
林分非空间结构	0.347	0.334	0.013	0.317	0.314
林木多样性	0.096	0.096	0.000	0.088	0.087

更新密度往往受多种因素的共同制约。本研究中样地平均更新密度为 1382 株/hm²，更新状态良好的样地占 6%，更新状态中等的样地占 80%，更新状态不良的样地占 14%，更新状态急需改善。有研究认为大兴安岭地区落叶松次生林主要树种更新的影响因子有林分平均树高、郁闭度、枯枝落叶层厚度、草本盖度和腐殖质层全氮质量分数，落叶松更新密度与林分平均树高、草本盖度呈负相关关系，与郁闭度、枯枝落叶层厚度和腐殖质层全氮质量分数呈正相关关系（祝子枭等，2020）。这与本研究结论相似，即更新密度与林分非空间结构呈负相关关系

（标准化总影响为 -0.410）、与土壤条件呈正相关关系（标准化总影响为 0.250）。

本节中更新密度下的林分非空间结构观测变量为单位蓄积，林分的单位蓄积越大，其林木占用的生存空间就越大，夺取生存条件的能力就越强，从而对更新密度造成直接负影响（标准化直接影响为 -0.358），同时其作用于乔木层林木多样性，进而对更新密度产生间接负影响（标准化间接影响为 -0.052）；更新密度下的土壤条件观测变量为 pH、全磷含量和有机质含量，由于落叶松枯枝落叶层含有叶酸和松脂，松脂使枯落物腐化慢，叶酸积累使土壤呈微酸性（崔国发等，2000），落叶松作为酸性植物，一定程度下的酸度调节有利于其更新幼苗生长（孙国龙等，2017），全磷含量和有机质含量在一定范围内对更新密度有促进作用（任学敏等，2019）。

前人研究表明坡向、郁闭度、枯落物未分层厚度以及分层均匀度显著影响华北落叶松更新（李进等，2020），本节对更新密度研究中的立地条件选用坡向为观测变量，不同坡向植物的采光率不同，本研究中样地坡向多为北坡，故其对更新密度的影响较小（标准化总影响为 0.249）。由于林木更新的方式多为林下播种，这使得更新幼苗多生长在母树附近，若乔木层林木空间分布方式为聚集分布，那么其播种的更新种子分布也会相对密集，从而影响更新密度（董灵波等，2020），因此林分空间结构与更新密度也有一定的潜在关系，本节选用林分空间结构指数 FSSI 作为林分空间结构的观测变量，其标准化总影响为 0.197。

在更新多样性研究方面，多数学者仅关注更新树种多样性的大小及其维持机制，而很少关注更新树高多样性的动态，因此本研究同时将更新树高的 Simpson 指数和更新地径的 Pielou 均匀度指数作为更新多样性的观测变量。土壤条件对更新树高 Simpson 指数和更新地径 Pielou 均匀度指数的标准化总影响分别为 0.708 和 0.701，土壤条件对更新多样性的标准化总影响为 0.734（间接影响为 0.568，直接影响为 0.166），本节中更新多样性下的土壤条件观测变量为 pH、全钾含量和全磷含量，微酸环境可促进更新苗木生长，一定含量的钾元素和磷元素对更新幼苗生长有促进作用，从而可增加更新多样性。

立地条件对更新树高 Simpson 指数的标准化总影响为 0.670，对更新地径 Pielou 均匀度指数的标准化总影响为 0.664，立地条件下的观测变量为海拔。模型中立地条件对更新多样性的标准化总影响为 0.775（间接影响为 0.685，直接影响为 0.090），间接影响较大，说明海拔多通过对其他变量产生作用从而影响更新多样性，如海拔通过对林木多样性的作用（路径系数为 0.18）间接作用于更新多样性（路径系数为 0.10），则该路径下海拔对更新多样性的间接影响为 0.018；此外，海拔也对土壤元素含量有一定程度的影响（冯燕辉等，2020）。

林分空间结构对更新树高 Simpson 指数的标准化总影响为 0.611，对更新地径 Pielou 均匀度指数的标准化总影响为 0.605，林分空间结构对更新多样性的标准化总影响为 0.669（直接影响为 0.381，间接影响为 0.288），不同的空间分布方式造成的林木竞争程度也不同，呈聚集分布的样地林木竞争程度要大于均匀分布和随机分布的样地，进而对其林下更新产生相应的影响，另外，林分空间结构会对林分非空间结构及乔木层林木多样性产生影响从而间接影响更新多样性，林分非空间结构对更新树高 Simpson 指数和更新地径 Pielou 均匀度指数的标准化总影响分别为 0.317 和 0.314，对更新多样性的标准化总影响为 0.347（直接影响为 0.334，间接影响为 0.013），林分郁闭度、乔木层林木会争夺林下更新的生长条件从而影响更新数量，但同时也可为林下更新提供较好的生存环境进而提高更新多样性，另外，林分非空间结构可通过树种间生长条件的相互竞争影响乔木层林木多样性进而间接影响更新多样性。林木多样性对更新多样性的影响相对较小（标准化总影响为 0.096 且均为直接影响），对更新树高 Simpson 指数和更新地径 Pielou 均匀度指数的标准化总影响分别为 0.088 和 0.087。

综上所述，大兴安岭兴安落叶松天然林的平均更新密度为 1382 株/hm^2，更新数量整体不足。更新密度主要受林分非空间结构、林木多样性、土壤条件、立地条件和林分空间结构的共同影响，其标准化总影响分别为 −0.410、0.380、0.250、0.249 和 0.197；而对更新多样性的标准化总影响依次为立地条件条件（0.775）、土壤条件（0.734）、林分空间结构（0.669）、林分非空间结构（0.347）和林木多样性（0.096）。总的来看，影响更新密度和更新多样性的共性关键指标为 pH、全钾含量、树种多样性、树高多样性、角尺度和单位蓄积。在后续经营过程中，可通过采伐或补植手段来调整和优化林分的结构和多样性等传统的非空间指标，进而影响土壤的 pH 和养分含量等指标，最终达到促进兴安落叶松林天然更新的目的。

5 不同尺度林分更新数量模型

天然更新模型可以提供精准的森林计划，能够模拟天然更新的状况和预测未来的恢复状况（Crotteau et al.，2014）。为分析天然更新的数量、质量等状态，进一步评价天然次生林自我恢复能力，我们以调查数据为原始数据，在第 4 章天然更新影响因子分析的基础上，分别构建了林分和经营单位两个尺度上的更新数量模型，进一步构建了更新等级综合评价模型，为大兴安岭地区天然次生林的抚育经营提供了理论依据。

5.1 林分尺度更新数量模型

天然更新建模数据通常为离散型数据，可以使用线性和非线性模型建模（Holzwarth et al.，2013）。泊松分布适用性有限，因为单个参数可以量化平均值和方差。在观察到的计数数据表现出过度离散的情况下，即方差大于平均值，选择韦布尔分布或负二项分布来对计数数据建模。负二项分布更灵活，非常适合计数数据存在过度分散的情况。然而，通常野外调查所获取的数据存在大量零值，特别是一些稀有物种和更新退化种群，此时，负二项分布变得不再适用。

零膨胀模型的基本思想是：①对应零事件的发生假定服从伯努利分布；②对应事件假定服从泊松分布或负二项分布。数据来源：①从未可能发生的零部分；②泊松分布或负二项分布下没有发生的部分（雷渊才和张雄清，2013）。零膨胀模型包括两个分布的联合概率，可解释存在过量的值问题（Lambert，1992），并把主要的影响因子作为协变量引入。第一个分布先利用逻辑斯谛模型来判断协变量影响事件发生与否，即是否存在大量零值问题。第二个分布模拟协变量影响事件的丰度问题，选择泊松分布或负二项分布。Flores 等（2009）介绍了贝叶斯模型（BM）在幼苗更新密度上的应用，其注重两点：变量选择与模型估计比较。其还开发了具有潜在相关空间结构的零膨胀泊松（ZIP）模型，并将其与自相关[空间广义线性混合（SGLM）]或非自相关[广义线性模型（GLM）]的 ZIP 模型和泊松模型进行了比较。Fortin 和 Deblois（2007）将一种条件模型与两种不同的零膨胀模型即零膨胀泊松模型和零膨胀-韦布尔模型进行了比较，为可持续森林经营措施的制定提供了参考和借鉴。Gnonlonfoun 等（2015）在森林更新密度与样地大小及空间格局关系的研究过程中，因为幼苗生境因子的影响过于复杂，而忽略更新幼苗，只对幼树进行了研究。由此可知，更新苗木不同生长阶段的生境因子大不相同，如何准确地预估各生长阶段更新苗木密度成为当下研究的重点。

本节以 2018 年、2019 年在大兴安岭地区翠岗林场、新林林场、壮志林场设定的 57 块固定样地作为原始数据（见前文表 4-4）进行研究，样地设置过程和调查内容见本书 4.2 部分。

5.1.1 更新计数模型

为了解决固定样地内幼苗计数数据过度离散并且包括大量零值的问题，使用计数模型时要考虑零膨胀问题，因此选择常用的泊松分布模型、负二项分布模型、零膨胀模型进行拟合。幼苗、幼树等级划分和生境因子选取过程见本书 4.2.1 和 4.2.2 部分。

5.1.1.1 泊松模型

泊松模型（Poisson model）是分析计数型数据的一种最简单的方法。其概率质量函数如下：

$$\left\{ \begin{array}{l} F(y_i) = P(Y_i = y_i) = \dfrac{e^{i\,y_i}}{y_i!} \\[2ex] \lambda_i = \exp(X_{i\beta}) \end{array} \right\} \tag{5-1}$$

式中，exp（ ）为以自然对数为底的指数函数；Y_i、y_i 为随机变量；λ_i 为泊松分布的期望；X_i 为自变量；β 为参数向量。则泊松模型的似然函数（LL）为

$$LL = \sum_{i=1}^{N} \left(-\lambda_i + Y_i \ln(\lambda_i) - ln(Y_i!) \right) \tag{5-2}$$

式中，ln（ ）为以自然对数为底的对数函数；N 为样本数；其他物理量含义同公式（5-1）。

5.1.1.2 负二项模型

负二项（NB）模型是泊松模型的广义形式，不同的是多了个离散参数能够解释数据的异质性，因此，它比泊松模型更具有适用性。负二项模型的概率质量函数为

$$\left\{ \begin{array}{l} F(y_i) = P(Y_i = y_i) = \dfrac{\Gamma(y_i + \theta^{-1})}{\Gamma(y_i + 1)\Gamma(\theta^{-1})} \left(\dfrac{\theta^{-1}}{\theta^{-1} + \lambda_i} \right)^{\theta^{-1}} \left(\dfrac{\lambda_i}{\theta^{-1} + \lambda_i} \right)^{yi} \\[2ex] \lambda_i = \exp(X_i\beta + e_i) = \exp(X_i\beta)\exp(e_i) \\[1ex] \exp(e_i) \sim \text{Gamma}(\theta^{-1}, \theta^{-1}) \end{array} \right\} \tag{5-3}$$

式中，e_i 为方差异质性部分，Γ 为伽马函数，θ 为离散参数。其对数似然函数为

$$LL = \sum_{i=1}^{N}\left\{\ln\left[\frac{\Gamma\left(y_i+\theta^{-1}\right)}{\Gamma\left(y_i+1\right)\Gamma\left(\theta^{-1}\right)}\right]-\left(y_i+\theta^{-1}\right)\ln\left(1+\theta\lambda_i\right)+y_i\ln\left(\theta\lambda_i\right)\right\} \quad (5\text{-}4)$$

5.1.1.3 零膨胀模型

在现实生活中，会有很多的过离散数据，零膨胀（zero-inflated）模型就是为了拟合零过多数据而发展起来的，其基本思想是把事件的发生看成两种可能的情形：第 1 种对应零事件的发生假定服从伯努利分布；第 2 种对应事件假定服从泊松分布或负二项分布。在零膨胀模型中，零数据有两个主要来源：一是那些从未可能发生的零部分；二是在泊松分布或负二项分布下没有发生的离散部分。实际上，Logit 模型常用来拟合零部分，离散部分可以用泊松模型或负二项模型来模拟。设有一个服从零膨胀分布的离散随机变量 y，p_i 为零部分的概率，它的概率质量函数为

$$P\left(Y_i=y_i\right)=\left\{\begin{array}{ll}P_i+\left(1-P_i\right)f\left(0\right) & y_i=0\\ \left(1-P_i\right)f\left(y_i\right) & y_i=1,2,3,\cdots\end{array}\right\} \quad (5\text{-}5)$$

在式（5-5）中，一般认为 $0<p_i<1$，是对模型的多零部分的解释。在零部分中常用 Logit 模型来拟合，即 $\text{Logit}\left(p_i\right)=\ln\left(\dfrac{p_i}{1-p_i}\right)=X_i\delta$，式中 δ 为参数向量。

5.1.1.4 零膨胀泊松模型

零膨胀泊松（ZIP）模型在式（5-5）中，如果 y_i 服从一个参数为 λ_i 的泊松分布，那么就可以得到 ZIP 模型。当 $p=0$ 时，ZIP 模型将变成一个普通的泊松模型。ZIP 模型的概率质量函数为

$$P\left(Y_i=y_i\right)=\left\{\begin{array}{ll}p_i+\left(1-p_i\right)\exp\left(-\lambda_i\right) & y_i=0\\ \dfrac{p_i+\left(1-p_i\right)\exp\left(-\lambda_i\right)\lambda_i^{y_i}}{y_i!} & y_i>0\end{array}\right\} \quad (5\text{-}6)$$

式中，$\left(1-p_i\right)=P\left[Y_i\sim\text{Poisson}\left(\lambda_i\right)\right]$，其对数似然函数为

$$LL=\sum_{i=1}^{N}\left\{\begin{array}{l}I\left(y_i=0\right)\ln\left[p_i+\left(1-p_i\right)\exp\left(-\lambda_i\right)\right]\\ I\left(y_i>0\right)\ln\left[\left(1-p_i\right)+y_i\ln\left(\lambda_i\right)-\lambda_i-\ln\left(y_i!\right)\right]\end{array}\right\} \quad (5\text{-}7)$$

5.1.1.5 零膨胀负二项模型

负二项分布是泊松分布的广义形式。故可以在模型的离散部分用负二项模型

来模拟得到零膨胀负二项（ZINB）模型。ZINB 模型的概率质量函数为

$$P\left(Y_i = y_i\right) = \begin{cases} p_i + \left(1 - p_i\right)\left(\dfrac{\theta^{-1}}{\theta^{-1} + \lambda_i}\right)^{\theta^{-1}} & y_i = 0 \\[3mm] \left(1 - p_i\right)\dfrac{\Gamma\left(y_i + \theta^{-1}\right)}{\Gamma\left(y_i + 1\right)\Gamma\left(\theta^{-1}\right)}\left(\dfrac{\theta^{-1}}{\theta^{-1} + \lambda_i}\right)^{\theta^{-1}}\left(\dfrac{\lambda_i}{\theta^{-1} + \lambda_i}\right)^{y_i} & y_i > 0 \end{cases} \quad (5\text{-}8)$$

式中，当 $\theta \to 0$ 时，ZINB 模型就退化为 ZIP 模型。

将 57 块落叶松样地内各等级落叶松、白桦更新苗密度作为响应变量，林分因子与土壤因子共计 25 个生境因子作为解释变量，采用交叉验证的方法来检验模型。

泊松模型的解释变量为林分平均树高、郁闭度、枯枝落叶层厚度、草本盖度、腐殖质层全氮质量分数这 5 个生境因子（表 5-1），与更新限制因子的分析结果一致。泊松模型中所有的因子在 0.01 水平上显著相关，除枯枝落叶层厚度外，所有生境因子均在 0.001 水平上显著相关。在 NB 模型中（表 5-2），各生境因子均在 0.05 水平上显著相关。

表 5-1 不同树种不同高度级更新苗泊松模型参数估计

参数	落叶松						白桦					
	幼苗		小苗		幼树		幼苗		小苗		幼树	
	估计值	P 值	估计值	P 值	估计值	P 值	估计值	P 值	估计值	P 值	估计值	P 值
截距	2.91	***	4.04	***	6.66	***	−8.65	***	−0.24	***	6.05	***
HC	0.01	***	0.01	***	0.01	***	0.08	***	0.02	***	0.02	***
H	−0.1	***	0.12	***	−0.19	***			0.37	***	0.04	***
TN1	0.06	***	−0.03	***	0.09	***	−0.33	***	−0.06	***	−0.22	***
LTH	−0.08	**	−0.14	***	−0.02	***	1.34	***			−0.04	***
CW			0.39	***	0.92	***	2.94	***	2.58	***	−0.35	***

注：LTH 为枯枝落叶层厚度；TN1 为腐殖质层全氮质量分数；CW 为郁闭度；HC 为草本盖度；H 为平均树高；*在 0.05 水平上相关性显著，**在 0.01 水平上相关性显著，***在 0.001 水平上相关性显著。

表 5-2 不同树种不同高度级更新苗负二项模型参数估计

参数	落叶松						白桦					
	幼苗		小苗		幼树		幼苗		小苗		幼树	
	估计值	P 值	估计值	P 值	估计值	P 值	估计值	P 值	估计值	P 值	估计值	P 值
截距	3.1024	*	3.59	***	4.9158	**	−5.37	*	3.02	***	5.84	***
LTH			−0.21	*					−0.3	***	−0.23	**
HC			0.03	***					0.05	***	0.03	***

续表

参数	落叶松 幼苗 估计值	P值	落叶松 小苗 估计值	P值	落叶松 幼树 估计值	P值	白桦 幼苗 估计值	P值	白桦 小苗 估计值	P值	白桦 幼树 估计值	P值
SCI	7.6841	*	1.96	*								
N	-0.002	*			-0.001	***						
STH							0.8	***				
SC			0.03	**								
SR					10.395	**						
HTH									0.32	***		
H					-0.369	***						
CW					3.4494	*						

注：LTH 为枯枝落叶层厚度；HC 为草本盖度；SCI 为树种组成指数；N 为株数密度；STH 为淋溶层厚度；SC 为灌木盖度；SR 为大小比；HTH 为腐殖质层厚度；H 为平均树高；CW 为郁闭度。*在 0.05 水平上相关性显著，**在 0.01 水平上相关性显著，***在 0.001 水平上相关性显著。

在 ZIP 模型中（表 5-3），离散部分生境因子参数均在 0.05 水平上显著，而零部分落叶松小苗的混交度因子与白桦小苗的截距参数在 0.1 水平上相关性显著。在 ZINB 模型中（表 5-4），除离散部分白桦小苗 Log（θ）与零部分落叶松小苗的混交度、白桦小苗的截距参数在 0.1 水平上相关性显著外，其余生境因子均在 0.05 水平上相关性显著。

表 5-3　不同树种不同高度级更新苗零膨胀泊松模型参数估计

参数		落叶松 幼苗 估计值	P值	落叶松 小苗 估计值	P值	落叶松 幼树 估计值	P值	白桦 幼苗 估计值	P值	白桦 小苗 估计值	P值
离散部分	截距	-1.29	*	4.28	***	5.85	***	3.29	***	8.07	***
	H	0.36	***	0.14	***	-0.12	***				
	LTH	-0.24	***	-0.17	***	0.01	*	0.12	**		
	CW	1.59	***			1.13	***	-9.96	***		
	HC			0.01	***	0.01	***				
	TN1	0.14	***	-0.02	***	0.08	***				
	HTH							0.67	***	0.3	***
零部分	截距	2.3	**	-7.79	*	-24	*	4.45	**	-49.5	.
	SCI	-4.83	*								

续表

参数		落叶松						白桦			
		幼苗		小苗		幼树		幼苗		小苗	
		估计值	P 值	估计值	P 值	估计值	P 值	估计值	P 值	估计值	P 值
	H					1.45	*				
	STH							-0.33	*		
	MA			11.1	.						
零部分	N									-0.01	**
	HC									-0.51	*
	SR									177	*
	DBH									-1.63	*

注：LTH 为枯枝落叶层厚度；TN1 为腐殖质层全氮质量分数；CW 为郁闭度；HC 为草本盖度；H 为平均树高；DBH 为平均胸径；HTH 为腐殖质层厚度；SCI 为树种组成指数；STH 为淋溶层厚度；MA 为混交度；N 为林分密度；SR 为大小比。*在 0.05 水平上相关性显著，**在 0.01 水平上相关性显著，***在 0.001 水平上相关性显著。

由于样本数据内白桦幼树株数密度无零值，所以白桦幼树无法拟合零膨胀模型，因此 ZIP 模型与 ZINB 模型只拟合了 5 个类别更新计数模型。ZIP 模型离散部分主要是林分平均树高、郁闭度、枯枝落叶层厚度、草本盖度、腐殖质层全氮质量分数这 5 个生境因子，而零部分不同树种、不同高度级更新苗间无明显规律。ZINB 模型离散部分主要是林分平均树高、枯枝落叶层厚度、草本盖度、腐殖质层全氮质量分数、腐殖质层厚度这 5 个生境因子，零部分与 ZIP 模型一致。4 种模型中都含有枯枝落叶层厚度、草本盖度、平均树高三个生境因子。

表 5-4 不同树种不同高度级更新苗零膨胀负二项模型参数估计

参数		落叶松						白桦			
		幼苗		小苗		幼树		幼苗		小苗	
		估计值	P 值	估计值	P 值	估计值	P 值	估计值	P 值	估计值	P 值
离散部分	截距	-3.53	**	2.72	***	6.49	***	-2.51	**	8.07	***
	H			0.2	***	-0.32	**	0.37	***		
	LTH			-0.2	*						
	TN1					0.07	*				
	DBH	0.27	***			0.21	**				
	HTH	0.28	**					0.19	**	0.3	***
	MA	2.98	*	3.26	***						
	TP2									-2.86	***
零部分	Log（θ）	1.57	***	0.4	*	0.68	***	1.15	**	-0.33	.
	截距	2.26	**	-7.8	***	-24	*	4.41	**	-49.5	.
	SCI	-4.73	*								

续表

参数	落叶松						白桦			
	幼苗		小苗		幼树		幼苗		小苗	
	估计值	P值	估计值	P值	估计值	P值	估计值	P值	估计值	P值
零部分 H					1.45	*	-0.32	*		
MA			11.1	.						
N									-0.01	**
HC									-0.51	*
SR									177	*
DBH									-1.62	*

注：LTH 为枯枝落叶层厚度；TN1 为腐殖质层全氮质量分数；HC 为草本盖度；H 为平均树高；DBH 为平均胸径；HTH 为腐殖质层厚度；MA 为混交度；SCI 为树种组成指数；STH 为淋溶层厚度；N 为林分密度；SR 为大小比；TP2 为腐殖质层全磷质量分数。*在 0.05 水平上相关性显著，**在 0.01 水平上相关性显著，***在 0.001 水平上相关性显著。

5.1.2 模型的检验评价

模型拟合效果的评价指标有似然对数值（LL）、赤池信息量准则（AIC）和贝叶斯信息准则（BIC）。模型评价常用指标为均方根误差（RMSE）、平均绝对误差（MAE）。

$$\text{RMER} = \sqrt{\frac{\sum_{i=1}^{n}(y_i - \hat{y})}{n - p}} \tag{5-9}$$

$$\text{MAE} = \sum_{i=1}^{n} \left| \frac{y_i - \hat{y}}{n} \right| \tag{5-10}$$

式中，y_i 为实测株数，$\hat{y}$ 是模型的预测株数，n 为样本量，p 为模型参数个数。

从 AIC、BIC、LL 三个评价指标整体来看，4 类模型从优至劣排序为：ZINB 模型、NB 模型、ZIP 模型、泊松模型。其中 ZINB 模型拟合程度最好，而泊松模型拟合效果最差，ZINB 模型和 NB 模型优于泊松模型和 ZIP 模型。从 RMSE、MAE 两个模型预测指标整体来看，4 类模型从优至劣排序为：ZINB 模型、ZIP 模型、NB 模型、泊松模型。零膨胀模型（ZINB 模型、ZIP 模型）优于普通模型（NB 模型、泊松模型）。综合下来，ZINB 模型在各个评价指标下均优于其他三类模型，ZINB 模型的拟合效果与预测精度均高于其他模型，说明 ZINB 模型更适合离散数据的拟合与预测。

根据评价指标，整体上，落叶松、白桦不同等级更新苗的拟合模型从优至劣为幼苗、小苗、幼树，落叶松更新苗模型整体上比白桦更新苗的模型拟合效果好。由于白桦幼树试验样地内更新密度无零值出现，故白桦幼苗只拟合 NB 模型和泊松模型，白桦幼树的 NB 模型明显优于泊松模型。

落叶松幼苗、小苗、幼树与白桦幼苗、小苗最优模型为 ZINB 模型，而白桦幼树最优模型为 NB 模型（表 5-5）。林分的更新数据呈现出一定的离散状态，因此模型拟合选择泊松模型、NB 模型以及零膨胀模型，零膨胀模型在解释离散数据的同时，也能对未能发生更新的零值数据进行解释（舒兰，2019）。实验结果也表明当零数据过多时，ZINB 模型相较于其他三种模型对于离散数据的拟合更具优势，当更新密度数据中无零值时，NB 模型优于泊松模型。选择适合大兴安岭地区天然落叶松次生林更新数据结构的模型，可以更加科学准确地探讨其与生境因子的关系，为更新预测提供有利的技术与理论支持（Fortin and Deblois，2007）。

表 5-5　更新计数模型检验结果

评价指标	模型	落叶松			白桦		
		幼苗	小苗	幼树	幼苗	小苗	幼树
AIC	NB	220.88	710.38	806.18	200.74	789.49	787.40
	泊松	2 166.95	9 568.01	16 717.80	2 989.81	24 048.84	14 933.84
	ZIP	602.69	8 227.94	14 851.88	1 000.37	25 695.22	
	ZINB	192.12	700.55	772.22	177.46	821.67	
BIC	NB	229.05	722.64	818.44	206.87	799.70	795.57
	泊松	2 177.16	9 580.27	16 730.06	3 000.02	24 059.05	14 946.09
	ZIP	616.99	8 242.25	14 868.23	1 012.62	25 713.61	
	ZINB	206.42	714.85	786.52	189.72	840.06	
LL	NB	−106.44	−349.19	−397.09	−97.37	−389.74	−389.70
	泊松	−1 078.47	−4 778.01	−8 352.90	−1 489.90	−12 019.42	−7 460.92
	ZIP	−294.34	−4 106.97	−7 417.94	−494.18	−12 842.54	
	ZINB	−89.06	−343.28	−379.11	−82.73	−408.38	
RMSE	NB	29.62	368.45	719.76	109.91	1 781.62	750.88
	泊松	30.59	381.81	761.82	121.50	1 907.00	821.27
	ZIP	76.39	316.35	571.25	198.80	1 415.96	
	ZINB	75.72	325.05	529.92	140.24	1 609.42	
MAE	NB	11.20	213.18	464.18	27.93	834.34	459.40
	泊松	11.26	213.14	464.21	28.28	834.28	459.44
	ZIP	26.94	174.13	329.93	48.35	555.01	
	ZINB	23.14	164.41	315.42	37.26	757.45	

更新苗的计数模型拟合效果从优至劣排序为 ZINB 模型、NB 模型、ZIP 模型、泊松模型；计数模型的预测效果从优至劣为 ZINB 模型、ZIP 模型、NB 模

型、泊松模型。整体上，ZINB 模型的拟合效果与预测精度均优于其他三类模型。落叶松、白桦不同高度级更新苗计数模型的拟合效果与预测精度从优至劣排序为落叶松幼苗>白桦幼苗>落叶松小苗>白桦小苗>落叶松幼树>白桦幼树。

5.2　经营单位尺度更新数量模型

天然更新是森林更新的重要方式，一般情况下森林天然更新可分为种子更新和幼苗更新两个阶段（Keeley and Fotheringham，1998；Cleavitt et al.，2011），天然更新对森林群落在时间和空间上不断延续、发展或发生演替，以及未来森林群落的结构及其生物学多样性具有深远影响。大兴安岭林区是我国最大的林区，不仅为呼伦贝尔草原和松嫩平原提供了天然屏障，而且在涵养水源和调节气候方面也起着重要作用（贾炜玮等，2017）。大兴安岭林区分布有大面积的天然次生林，但由于采伐过度、经营措施不当等原因，普遍存在缺少目的树种、结构不稳定、森林更新差、林分质量和生态功能低等问题，而对其森林更新进行研究可以更好地判断森林演替的方向和进程，从而制定合理的森林经营方案，达到森林可持续经营的目的（陈贝贝等，2018）。

目前，国内外主要采用广义线性模型（generalized linear model，GLM）、混合效应模型（mixed effect model，MEM）和多元数量化模型（multivariate quantitative model，MQM）建立森林更新模型来研究森林更新。例如，徐文秀等（2017）利用广义线性混合模型（generalized linear mixed model，GLMM）对八大公山常绿落叶阔叶混交林中影响幼苗存活的主要生物因子和非生物因子进行了分析；李雪云等（2017）运用多元数量化模型建立了闽楠幼树、幼苗重要值与生境因子的关系模型；Vayreda 等（2013）对西班牙半岛 5 种松树和 5 种阔叶树种的幼树进行了更新模型构建，利用广义线性模型对反映幼树物种丰富度的森林结构、干扰程度等进行了评估；Puhlick 等（2015）利用混合效应模型对美国亚利桑那州北部黄松的幼苗、幼树更新情况进行了预估。从以往研究发现，无论是广义线性模型、混合效应模型还是多元数量化模型，都属于全局模型范畴，并没有考虑各样地点数据之间的空间自相关性。在林业数据收集过程中，地理位置不同，会导致数据之间存在空间差异性，空间自相关性在有关林业的各项研究中普遍存在（张凌宇等，2018）。研究显示，空间自相关性对回归系数估计值的变异性有很大影响，甚至可以改变模型中解释变量的相对重要性（Lichstein et al.，2002；Foody，2004）。

20 世纪 90 年代，Brunsdon 等（1996）首次提出地理加权回归（geographic weighted regression，GWR）模型来解决空间非平稳性问题，由于不同地理位置样本参数不同，地理加权回归模型可直接用来描述研究区内样本变量的空间异质性

（Fotheringham *et al.*，1998；Brunsdon *et al.*，1999；Fotheringham and Brunsdon，2010）。目前，地理加权回归模型已被应用于树高和直径生长、树冠面积的空间异质性、立地质量评价以及森林碳储量预估等林业相关领域（Zhang *et al.*，2004，2005；Kimsey *et al.*，2008；Liu *et al.*，2014；戚玉娇，2014）。地理加权泊松回归（geographic weighted Poisson regression，GWPR）模型是在地理加权回归模型基础上建立的局域泊松模型，在气候和空间格局对鸟类物种丰富度影响、风倒木发生数量预估、火灾预测以及林木进阶分布预测等研究上有所应用（Ma *et al.*，2012a，2012b；Zhen *et al.*，2013；王周和金万洲，2015；张凌宇和刘兆刚，2017），但在森林更新中的研究还未见报道。鉴于此，本节通过建立全局泊松模型和 4 种尺度下的局域泊松模型对大兴安岭地区新林林业局翠岗林场森林更新的空间分布进行模拟，对影响森林更新的因子、全局模型和局域模型的拟合效果与模型残差的空间自相关性，以及空间尺度效应对局域模型稳定性等方面的影响进行分析，以期为大兴安岭地区天然次生林的经营决策提供理论依据和技术支持。

2018 年 7～8 月，在新林林业局翠岗林场选取不同地理位置的典型天然落叶松林、白桦林和白桦落叶松混交林等林型，设置 20m×30m 的样地共 45 块，调查时，采用相邻格子法将每块样地划分成 6 个 10m×10m 的小样方作为调查单元。对于样地内胸径≥5cm 的林木进行每木检尺，记录其树种、状态、胸径、冠幅、树高和坐标位置等信息；胸径<5cm 记为更新层，记录更新层所有个体的树种、状态、地径、胸径（树高>1.3m）、树高和坐标位置等信息。需要说明的是，在统计更新株数过程中，只记录实生苗的天然更新株数，对于蘖生苗和萌生苗没有记录。同时，在样地中心设置 5m×5m 的样方进行灌木调查，在样地四角设置1m×1m 的样方进行草本调查。

5.2.1　模型变量的选择

采用混合逐步选择法（王济川和郭志刚，2001），根据设定的显著性标准（α=0.05），从地形因子（海拔、坡度、坡向等）、土壤厚度（枯枝落叶层厚度、腐殖质层厚度、淋溶层厚度等）、林分因子（平均胸径、平均树高、蓄积量、株数密度、郁闭度等）、空间结构参数（角尺度、大小比、混交度等）及物种多样性共 5 个方面选择模型变量，在对各参数进行相关性检验的基础上，得到海拔、枯枝落叶层厚度、平均胸径、平均树高、密度、角尺度、大小比、灌木层 Margalef 指数和乔木层 Simpson 指数 9 个影响天然次生林更新分布的变量，因变量为每块样地的天然更新株数，所有独立变量都进行标准化处理。各变量的基本统计量见表 5-6。

表 5-6　模型变量的统计量

变量	平均值	标准差	最小值	最大值
海拔（m）	484.6	50.6	410.0	676.3
枯枝落叶层厚度（cm）	3.8	1.1	2.0	6.0
平均胸径（cm）	11.8	1.3	9.5	15.3
平均树高（m）	11.6	1.2	9.5	15.2
密度（株/hm²）	1798.9	540.7	917	3430
角尺度	0.5	0.1	0.42	0.59
大小比	0.49	0.1	0.41	0.61
灌木层 Margalef 指数	0.36	0.19	0.0	0.9
乔木层 Simpson 指数	0.38	0.15	0.0	0.6
更新株数	62.4	28.2	7.0	116.0

5.2.2　全局泊松模型

全局泊松模型是广义线性模型的一种特殊形式，属全局模型范畴。全局泊松模型作为分析计数型数据的一种统计方法，可用来模拟更新株数的分布情况，其概率密度函数如下：

$$P(Y=y) = \frac{e^{-\lambda}\lambda^y}{y!} \tag{5-11}$$

式中，$\lambda > 0$ 且为常数；$P（Y=y）$ 表示在单位时间内 Y 发生的概率；y 为随机变量 Y 的期望和方差，且期望和方差相等，当 $y=0$ 时，表示更新个数为 0 株的概率；当 $y=1$ 时，表示更新个数为 1 株的概率，依次类推。全局泊松模型的具体形式如下：

$$E(Y) = \mu = \exp(\beta_0 + \beta_1 x_1 + \beta_2 x_2 + \cdots + \beta_9 x_9) \tag{5-12}$$

对式（5-12）进行对数转换，链接函数能将泊松随机变量均值转换成可以进行线性预测的函数，形式如下：

$$\text{Log}(E(Y)) = \text{Log}(\mu) = \beta_0 + \beta_1 x_1 + \beta_2 x_2 + \cdots + \beta_9 x_9 \tag{5-13}$$

式中，Log（.）为一个链接函数，假设观测值之间相互独立，可通过最大似然法对模型的回归系数进行估计；μ 为更新株数；$\beta_1 \sim \beta_9$ 为模型的回归系数；β_0 为模型截距；$x_1 \sim x_9$ 分别为海拔、枯枝落叶层厚度、平均胸径、平均树高、密度、角尺度、大小比、灌木层 Margalef 指数、乔木层 Simpson 指数。

图 5-1 所示为不同步长下全局模型的莫兰 I 数（Moran I），当步长为 17km

时，模型残差的 Moran I 最接近 0。为了分析不同尺度效应对更新模型的影响，本研究选择 4 个尺度（5km、10km、15km 和 20km）的模型来检测局域模型的尺度依赖性。

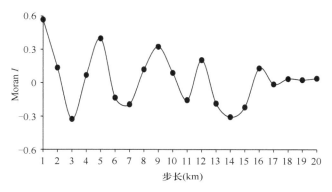

图 5-1　全局模型的 Moran I 相关图

由表 5-7 可知，所选模型的 9 个参数估计值都与更新株数呈显著相关性，其中枯枝落叶层厚度、平均树高和灌木层 Margalef 指数的参数估计值为负，说明 3 个变量与更新株数呈负相关关系，在所有影响森林更新的因子中，平均树高参数估计值的绝对值最大，说明其对森林更新的阻碍作用最大。海拔、平均胸径、密度、角尺度、大小比和乔木层 Simpson 指数的参数估计值为正，说明这几个变量与更新株数呈正相关关系，其中海拔和密度对于森林更新的促进作用要强于其他影响因子。

表 5-7　全局模型参数估计值、标准误差和显著性检验

参数	估计值	标准误差	P 值
截距	3.6253	0.1366	−0.0001
海拔	0.9256	0.1240	−0.0001
枯枝落叶层厚度	−0.2432	0.0760	0.0030
平均胸径	0.2624	0.1281	0.0480
平均树高	−1.9048	0.1335	−0.0001
密度	0.9063	0.1064	−0.0001
角尺度	0.3429	0.1101	0.0040
大小比	0.4961	0.1251	−0.0001
灌木层 Margalef 指数	−0.7077	0.1194	−0.0001
乔木层 Simpson 指数	0.7796	0.1092	−0.0001

5.2.3 地理加权泊松模型

地理加权泊松模型是在全局模型和地理加权回归模型的基础上建立的，是全局泊松模型在局域形式上的一种表达，属局域模型范畴（Nakaya *et al.*，2005）。在计算过程中可将不同位置坐标纳入模型中，模型形式如下：

$$\text{Log}\big(E(Y)\big) = \text{Log}(\mu) = \beta_0(u_i,v_i) + \beta_1(u_i,v_i)x_1 + \beta_2(u_i,v_i)x_2 + \cdots + \beta_9(u_i,v_i)x_9$$

$$(5\text{-}14)$$

式中，$\beta_1(u_i,v_i) \sim \beta_9(u_i,v_i)$ 为样地点（u_i，v_i）上的回归系数。

局域模型在运行过程中，会选择一个单调递减函数进行空间加权，本研究采用 Gaussian 函数作为空间权函数，函数形式如下：

$$w_{ij} = e^{\left(-d_{ij}^2/h^2\right)}$$

$$(5\text{-}15)$$

式中，d_{ij} 表示位置 i 和 j 之间的距离；h 为带宽。Gaussian 函数是通过判断 d_{ij} 与中心位置之间距离的远近来进行空间加权的，所有权重值均为非零（Hadayeghi *et al.*，2010；Blanco-Moreno *et al.*，2010）。

与全局模型只给出一组模型参数不同，4 种空间尺度下的 GWPR 模型经过运算得到 5 组模型参数，分别为最小值、Q_1（第一分位数）、中值、Q_3（第三分位数）和最大值。从表 5-7、表 5-8 可以发现，4 种尺度局域模型参数估计值的中值与全局模型的参数估计值相近，且所有参数的正负号相同，说明两种模型各参数对更新株数分布的影响基本一致。然而二者仍然存在较大差别，各尺度下的 GWPR 模型参数估计值随着地理位置不同会产生不同的连续变化范围，对因变量的影响也会随着地理位置改变而产生变化，如 5km 局域模型中枯枝落叶层厚度的参数估计值在前 4 个阶段都为负，当达到最大值时，该参数估计值变为正。从表 5-8 可以看出，5km 局域模型产生了最大范围的模型参数，随着空间尺度增大，各局域模型下参数估计值的跨度范围逐渐减小，20km 局域模型各参数范围均为最小，说明随着空间尺度增大，模型参数估计的准确性和灵敏度逐渐下降。为了更直观地表现局域模型参数估计值的空间分布状态，图 5-2 以林分平均胸径为例，给出了 4 种尺度下参数估计值的空间分布情况，在整个研究区范围内，最小尺度（5km）下林分平均胸径的参数估计值自东南向西北呈从负到正的空间分布，且分布为正和负的区域大致相等，随着空间尺度增大，呈负值的区域逐渐减小，10km 和 15km 局域模型下负值的最小值分别−0.4073 和−0.0180，二者负值所跨范围要明显小于 5km 局域模型，当空间尺度为 20km 时，林分平均胸径参数估计值在整个研究区内均为正，说明尺度效应对模型参数估计值估计精度和空间分布跨度都有一定影响。

表 5-8　4 种尺度下局域模型各变量参数估计值的描述性统计

尺度	变量	最小值	Q_1	中值	Q_3	最大值
5km	截距	2.7097	3.3979	3.461	3.5868	4.9960
	海拔	−0.0605	0.6536	0.7056	0.8856	3.8243
	枯枝落叶层厚度	−0.8570	−0.4692	−0.3234	−0.2273	0.1262
	平均胸径	−1.5424	0.2026	0.2254	0.4179	1.2224
	平均树高	−2.3657	−1.9574	−1.6481	−1.5337	−0.8965
	密度	−1.3678	0.9683	1.1574	1.2391	2.4543
	角尺度	−1.0423	0.3959	0.4839	0.5471	1.3787
	大小比	−2.5238	0.5236	0.6754	0.7460	1.0703
	灌木丰富度指数	−1.2326	−0.6004	−0.5266	−0.4902	0.1717
	乔木多样性指数	0.0604	0.4813	0.5556	0.7514	1.6250
10km	截距	3.2385	3.5772	3.6409	3.7199	4.1428
	海拔	0.5530	0.7318	0.7782	0.8319	1.1155
	枯枝落叶层厚度	−0.6888	−0.4282	−0.3412	−0.2337	0.0450
	平均胸径	−0.4073	0.1987	0.2790	0.3927	0.8031
	平均树高	−2.4130	−1.9940	−1.7925	−1.7246	−1.5655
	密度	−0.2635	0.8689	0.8890	0.9908	1.1313
	角尺度	0.2524	0.3463	0.3577	0.4068	0.6105
	大小比	0.1683	0.6083	0.6650	0.7828	1.0062
	灌木丰富度指数	−1.2771	−0.7773	−0.6712	−0.6164	−0.2078
	乔木多样性指数	0.3424	0.6211	0.6719	0.7959	0.9968
15km	截距	3.4546	3.6193	3.6831	3.7399	3.9832
	海拔	0.6533	0.7698	0.8162	0.8750	1.0837
	枯枝落叶层厚度	−0.5453	−0.3700	−0.3074	−0.2431	−0.0623
	平均胸径	−0.0180	0.2326	0.2821	0.3419	0.5707
	平均树高	−2.1892	−1.9297	−1.8526	−1.8046	−1.6964
	密度	0.4588	0.8458	0.8743	0.9328	1.0283
	角尺度	0.2319	0.3129	0.3312	0.3601	0.4632
	大小比	0.3059	0.5359	0.5852	0.6274	0.8073
	灌木丰富度指数	−0.9664	−0.7864	−0.6887	−0.6307	−0.3157
	乔木多样性指数	0.4393	0.6654	0.7198	0.8019	0.9807
20km	截距	3.5497	3.6557	3.6969	3.7331	3.8915
	海拔	0.6975	0.8052	0.8348	0.8794	1.0234
	枯枝落叶层厚度	−0.4477	−0.3283	−0.2879	−0.2479	−0.1214
	平均胸径	0.0618	0.2336	0.2684	0.3046	0.4514
	平均树高	−2.0667	−1.9203	−1.8781	−1.8455	−1.7669
	密度	0.6471	0.8452	0.8680	0.8925	0.9750
	角尺度	0.2434	0.3084	0.3183	0.3357	0.3917
	大小比	0.3701	0.5084	0.5372	0.5604	0.6850
	灌木丰富度指数	−0.8842	−0.7539	−0.6886	−0.6472	−0.3978
	乔木多样性指数	0.4911	0.7033	0.7404	0.7879	0.9411

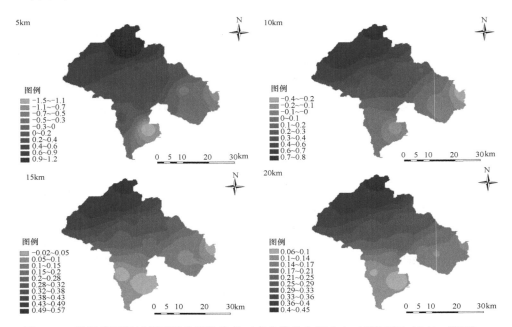

图 5-2　4 种尺度下局域模型林分平均胸径对应参数的空间分布（彩图请扫封底二维码）

5.2.4　模型残差的空间自相关性

分别采用全局和局域的 Moran I 来评价模型残差的空间分布，全局 Moran I 计算公式如下：

$$I = \frac{n\sum_{i=1}^{n}\sum_{j=1}^{n}w_{ij}(d)(x_i - \overline{x})(x_j - \overline{x})}{n\sum_{i=1}^{n}\sum_{j=1}^{n}w_{ij}(d)\sum_{i}^{n}(x_i - \overline{x})^2} \qquad (5\text{-}16)$$

式中，n 为样地块数；x_i 和 x_j 分别表示在样地 i 和 j 点的模型残差值；$\overline{x}$ 为模型残差的平均值；$w_{ij}(d)$ 为空间权重值。

局域 Moran I 的计算公式如下：

$$I_i = (x_i - \overline{x})\sum_{j=1}^{n}w_{ij}(d)(x_j - \overline{x}) \qquad (5\text{-}17)$$

本研究中，局域 Moran I 用于检测每块独立样地点模型残差的局部聚集状况，当局域 Moran $I<0$ 时，说明在该样地点周围聚集着不同的模型残差，此时模型残差的空间分布最好，当局域 Moran $I>0$ 时，表示在该样地点周围聚集着相似的模型残差（Anselin，1995）。基于正态性检验判定模型残差的空间分布是否处于随机状态，在计算局域 Moran I 时，通常会给出一个可以判断是否拒绝零假设的阈值（Z），如果 Z 在 $-1.96\sim1.96$ 区间内，说明模型残差是随机空间过程产生的，此时空间自相关性最低，若 Z 不处于该区间内，说明模型残差的空间分布不是随机过程产生的，该方法可以用来判断多个样点之间是否存在空间自相关性（刘畅，2014）。

5.2.4.1 模型残差的全局空间自相关分析

图 5-3 给出了全局模型和 4 种尺度下局域模型的全局 Moran I 相关图，在步长大致相同的情况下，5km 和 10km 尺度下局域模型的起伏程度明显小于 15m 和 20m 尺度下的局域模型和全局模型，尤其是处于 5km 下的局域模型，在整个研究区范围内，其全局 Moran I 在大部分步长下小于其他尺度下的局域模型和全局模型，同时 5km 尺度下局域模型的全局 Moran I 基本上在 0 上下浮动，在所有的模型中起伏最小。而 10km、15km、20km 在步长达到 16km 后，全局 Moran I 才逐渐趋于稳定，在 0 上下浮动，说明不同的尺度效应对解决空间自相关性问题也有一定影响。

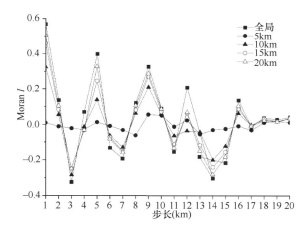

图 5-3 全局模型和 4 种尺度下局域模型的全局 Moran I 相关图

5.2.4.2 模型残差的局域空间自相关分析

局域 Moran I 可以用来反映不同模型残差聚集或相似模型残差聚集的分布状态，图 5-4 给出了全局模型和 4 种尺度下局域模型的局域 Moran I 空间分布。就整个研究区而言，5km 下的局域模型产生了大范围且取值为负的局域 Moran I，说明 5km 下的模型残差在大部分区域显示出了不同模型残差的空间聚集状态，产生了较好的局域 Moran I 的空间分布效果，同时可以有效消除空间自相关性，随着尺度逐渐增加，局域 Moran I 取值为负的区域逐渐减小，产生相似模型残差的空间聚集模式逐渐增大，空间自相关性也逐渐增大。同样，从图 5-5 给出的 4

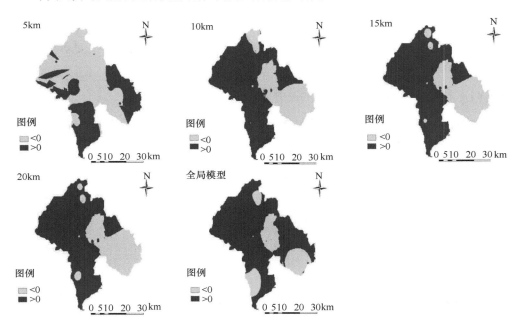

图 5-4　全局模型和 4 种尺度下局域模型的局域 Moran I 空间分布（彩图请扫封底二维码）

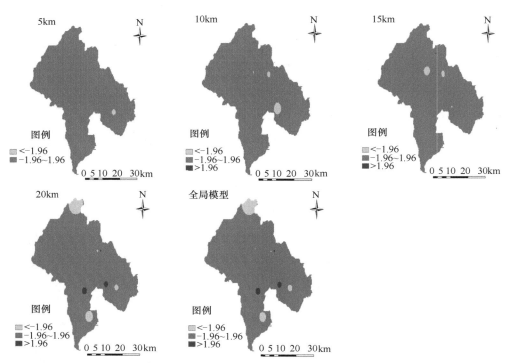

图 5-5　全局模型和 4 种尺度下局域模型局域 Moran I 的 Z 值空间分布（彩图请扫封底二维码）

种尺度下局域和全局 Moran I 的 Z 值空间分布图可以看出，5km 和 10km 下局域模型 Z 值在研究区的大部分范围内处于−1.96～1.96，说明处于该尺度下模型残差的空间自相关性极小，随着空间尺度增加，各样点空间相关性增加，当达到 20km 时，空间自相关性也达到最大，总体的空间自相关性趋近于全局模型。

5.2.5 林分更新数量空间分布

基于前文阐述的小尺度下局域模型在降低空间自相关性以及提升拟合优度方面的优越性，图 5-6 给出了 5km 局域模型下研究区林分更新的空间分布图。由图 5-6 可以看出，在研究区西北部地区和东南部极小范围内的更新情况极差，这两个范围内的林分更新株数在 500 株/hm² 左右，研究区中部和北部地区平均更新株数在 1000 株/hm² 左右，研究区南部的森林更新状况要好于其他区域，其更新株数在 1600 株/hm² 左右，更新最好的可以达到 2000 株/hm² 左右。总体上看，研究区的林分更新株数主要集中在 1000～2000 株/hm²，根据《国家森林资源连续清查技术规定》（林资发〔2004〕25 号）中有关天然更新等级评定标准可知，研究区森林更新等级总体上处于不良水平，针对这种现象，应当探讨阻碍森林更新的影响因素，并通过积极地人为干预等措施来促进森林的更新水平，以期达到森林可持续经营的目的。

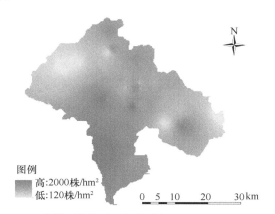

图例
高:2000株/hm²
低:120株/hm²

0 5 10   20   30km

图 5-6　基于 5km 局域模型的林分更新的空间分布图（彩图请扫封底二维码）

本节通过建立以泊松模型为基础的全局模型和 4 种不同尺度下的局域模型分别对大兴安岭地区新林林业局翠岗林场天然次生林更新株数的空间分布情况进行了模拟，对阻碍森林更新的影响因子进行了分析，结果表明，局域模型的拟合效果要好于全局模型。分析两种模型残差的全局空间自相关性和空间分布状况发现，局域模型残差的全局空间自相关性明显小于全局模型，产生了较好的局域 Moran I 的空间分布效果，说明局域模型在消除残差的空间自相关性上具有一定的优越性。这是因为在模型拟合过程中，各个因子之间由于地形地势之间的差异，对森林更新的影响不同，局域模型在运行时是以样地为单位进行计算的，并且通过选择单调递减的函数来进行地理加权，这样在每块样地点都可以形成一组模型参数，从而使得各样地点之间模型残差的空间自相关性更不明显，而全局模型在整个运行过程中只产生了一组模型参数，各样地点之间模型残差的空间自相关性较为明显，因此局域模型会产生较为理想的拟合效果。此外，局域模型同样受尺度效应的影响，本研究中 5km 局域模型在消除空间自相关性、模型稳定性上要好于其他尺度下的局域模型，与前人的研究结果相符（Guo et al.，2008；Ma et al.，2012a）。近年来的研究显示，尺度效应在物种丰富度、森林景观类型空间关联性、混交林功能结构和森林更新的空间分布格局等研究上起着重要的作用（Martinqueller et al.，2015；董灵波等，2015；郝珉辉等，2018；姚良锦等，2018）。

　　阻碍森林更新的因素很多，本研究只从林分因子、地形因子、物种多样性、土壤厚度、林分空间结构 5 个方面对影响森林更新的因子进行了分析，其中林分因子对更新株数的影响最大，海拔也有一定影响，这与耐寒树种的生态学特性有关（徐振邦等，2001）。枯枝落叶层厚度主要与更新株数呈负相关关系，枯枝落叶层主要限制种子的扩散，由于种子扩散到地面以后，主要分布在枯枝落叶层，很少有种子扩散到土壤层，因此枯枝落叶层对森林更新有阻碍作用（刘足根等，2006）。有研究显示，在保证优势树种的前提下，提高乔木树种的物种多样性，减少林下物种丰富度，可以提高成苗率，从而促进森林更新（Deng et al.，2014）。就本研究而言，研究区内存在大量的兴安杜鹃、越桔、杜香等灌木，其物种丰富度较高，对林下的更新有阻碍作用，与前人的研究结果相似（Barton and Hanley，2013）。此外，种子雨、光照、微生境以及人为干扰等也可能对森林更新产生较大影响（陈永富，2012；Flistad et al.，2018），有待学者进行进一步的研究。

　　4 种尺度下的局域泊松模型对于森林更新株数的模拟效果均明显好于全局泊松模型，局域模型的 AIC 和均方误差（MSE）更小。尺度效应存在于局域模型中，在 4 种尺度下的局域模型中，5km 尺度下的局域模型产生了最好的模型残差局域化空间分布效果，形成了不同模型残差聚集分布的理想分布状态，模型变量的参数估计值产生了跨度最大的变化范围，模型的稳定性最好，随着空间尺度逐渐增大，模型稳定性逐渐下降，但总体上仍要好于全局模型。全局模型以及 10km、15km 和 20km 尺度下局域模型的全局 Moran I 在小步长情况下起伏程度较大，随着步长增加，起伏程度逐渐下降，并在 16km 步长之后趋于稳定，而 5km 尺度下局域模型的全局 Moran I 在所有步长范围内均在 0 上下浮动，最大限度降低了模型残差的空间自相关性。研究区大兴安岭新林林业局翠岗林场的森林更新株数为 120～2000 株/hm²，且在 1000～2000 株/hm² 内分布最为广泛，更新株数呈南高北低的分布趋势，森林天然更新能力整体较弱。

5.3 林分尺度更新等级综合评价模型

在以往的森林调查中，对于森林更新的调查往往采用在样地的四角和中心设置小样方的方法进行（贾炜玮等，2017；刘兵兵等，2019；蔡文华等，2012；解希涛，2017），同时对于起测高度或地径也有一定限制，很少有对整块样地进行无差别森林更新调查的，以往的调查方法存在一定的缺陷，例如以重力进行扩散的树种，母树周围幼苗、幼树的更新量会很多，但是母树并不一定处于所选取样方的周边，通过四角和样地中心设置样方对全林的更新进行估算具有一定的偶然性和不准确性，并且在调查过程中往往很难直观判断更新状况的优劣，而对样地内所有更新进行调查又会耗费大量的人力和时间，此外，以往的研究显示森林更新的优劣与其影响因子有直接的关系（陈永富，2012）。因此，本节以大兴安岭地区的 3 种典型森林类型（白桦林、针阔混交林、落叶松林）为主要研究对象，通过构建森林更新影响因子的指标体系，以熵值-AHP 法确定各指标权重值，采用线性函数综合评价法得出 116 块固定样地森林更新影响因子的综合评价值，对其在判断更新优劣的准确性上进行检验，最后以该综合评价值为基础，对不同森林类型的更新状况进行分析。本节提出了一种通过构建森林更新影响因子评价体系来判断更新优劣的方法，为该地区森林经营提供了理论依据，同时评价过程也可以为不同地区更新影响因子评价提供新的思路。

本研究数据来源于 2017~2019 年大兴安岭新林林业局新林林场、翠岗林场和松岭林业局壮志林场的森林调查数据，样地类型主要包括白桦林、落叶松纯林以及以落叶松和白桦为主的针阔混交林，在调查过程中，对所有样地的森林更新进行了全部调查（不区分起测地径和高度），同样，在统计更新的过程中，只记录了实生苗的天然更新情况，对于蘖生苗和萌生苗没有进行记录，各样地的基本统计量见表 5-9。

表 5-9 各林型样地基本统计量

森林类型	样地数（块）	平均树高（m）	平均胸径（cm）	单位蓄积（m³/hm²）	枯枝落叶层厚度（cm）	株数密度（株/hm²）
白桦林	21	11.7±1.3	12.4±1.2	110.6±22.1	3.6±0.8	1494.0±4362.8
针阔混交林	26	12.8±1.7	13.4±2.2	127.7±31.3	4.1±1.0	1397.7±287.7
落叶松林	69	12.1±2.2	14.2±3	142.3±42.4	4.1±1.6	1442.7±518.0

5.3.1 指标权重值的确定

指标权重值的确定主要分为主观赋权法和客观赋权法两种。主观赋权法就是根据参与评价人的主观导向性来决定各个指标权重值的方法，主要包含 Delphi 法（即专家打分法）、排序法以及层次分析法（AHP）。而客观赋值法则主要根据指标间存在的联系以及指标所蕴含的信息量来确定其权重，较为常用的主要有熵值法（赵中华，2009）、主成分分析法（朱玉杰和董希斌，2016）、因子分析法（张贵和欧西成，2010）、离差及均方差法（党晶晶，2014）等。主观赋值法根据专家和决策者的意识来综合考虑指标的价值和评价指标导向性，能够让指标更具有实际意义，但是存在主观随意性过强的缺陷，且难以反映指标体系内部结构联系。而客观赋值法则是依据数学原理来充分反映原始数据包含的信息，结果客观，不受任何主观意识控制，但是客观赋权法不能反映专家以及决策者的意识和需要，有时确定的权重会和实际重要度有较大的出入，从而导致指标失去现实意义。综合考虑两种赋值法存在的优缺点，本研究采用熵值-AHP 法确定各指标权重值，该法具备集专家决策与数据信息决策为一体的特点，能够有效降低主观赋值法和客观赋值法单独使用带来的影响作用。

5.3.1.1 层次分析法

层次分析法（analytic hierarchy process，AHP）是指将与决策目标有比较强的关联性的因子分解成目标、准则、方案等几个层次，并在此基础上进行定性和定量分析的决策方法，结合研究数据的实际情况，将主要结构分为目标层、约束层和指标层，采用判断矩阵（表 5-10）对不同层面上指标的重要性进行比较，通过对全体向量进行归一化处理，得到各个指标的权重向量，根据式（5-18）和式（5-19）对各层次单排序进行一致性检验，综合层次单排序重要性系数，且计算层次总排序重要性系数，并再次对层次总排序进行一致性检验。其原理与同层次的一致性检验基本相似，如一致性检验通过即得出各指标的权重值。

表 5-10 判断矩阵标度值及其含义

标度值	表征含义
1	表示两个元素相比，具有同样的重要性
3	表示两个元素相比，前者比后者稍重要
5	表示两个元素相比，前者比后者比较重要
7	表示两个元素相比，前者比后者十分重要
9	表示两个元素相比，前者比后者绝对重要
2，4，6，8	表示介于上述相邻判断之间
倒数	若元素 i 和元素 j 的重要性之比为 a_{ij}，那么元素 j 与元素 i 的重要性之比为 $a_{ji}=1/a_{ij}$

$$CR = \frac{CI}{RI} \qquad (5\text{-}18)$$

$$CI = \frac{\lambda_{max} - n}{n-1} \qquad (5\text{-}19)$$

式中，CR 为一致性比率；RI 是随机一致性指标，它的取值可以通过查表得到（表 5-11），只有 RI≤0.1 时，才可以判定判断矩阵有满意的一致性，也就是说所求得权重合理可用，否则就需要对判断矩阵的标度值再次进行修改，直至一致性检验通过；λ_{max} 为矩阵 A 的最大特征根值；n 为矩阵 A 的维度。

表 5-11　1～9 阶判断矩阵的 RI 值

阶数	1	2	3	4	5	6	7	8	9
RI 值	0	0	0.58	0.90	1.12	1.24	1.32	1.41	1.45

5.3.1.2　熵值法

熵（entropy）最早应用于热力学研究中，1948 年由信息论之父 Shannon 引入其研究领域，由于熵值可以根据数据结构来反映其变异程度，因此被广泛地应用到综合评价领域。其表达式如下：

$$H_i = -\sum_{i=1}^{n} p_i \ln p_i \tag{5-20}$$

式中，p_i 为随机事件概率，H_i 为随机变量的熵。

在应用熵值法确定权重值的过程中，首先对所有数据进行标准化处理，计算各数值的比重和各指标的熵值，然后计算各指标项的差异系数，最后对权重值进行确定[式（5-21）～式（5-24）]。

$$P_{ij} = \frac{x_{ij}'}{\sum_{i=1}^{n} x_{ij}'} \tag{5-21}$$

式中，P_{ij} 为第 i 项指标中第 j 个样品值的比重，x_{ij}' 为处理后的指标值，n 为该项评价指标值总数。

$$e_i = -\left(\frac{1}{\ln m}\right)\sum_{i=1}^{m} P_{ij} \ln P_{ij} \tag{5-22}$$

式中，e_i 为第 i 项指标的熵值，m 为评价指标总数。

$$g_i = 1 - e_i \tag{5-23}$$

$$u_i = \frac{g_i}{\sum_{i=1}^{m} g_i} \tag{5-24}$$

式中，g_i 为第 i 项指标的差异系数，u_i 为权重值。

5.3.1.3　各类型指标的计算

所有的数据指标均可分为正向指标、逆向指标和适度性指标，对于逆向指标

（如枯枝落叶层厚度），我们进行逆向指标的正向化处理，即以 1 减去该指标的差值作为其评价值。对于适度性指标（如角尺度），将其转换为分段函数再进行正向化处理，具体计算方法依据陈莹等（2019）的研究，所选取的林分结构中角尺度等指标的计算方法依据惠刚盈等（2018）的研究，林分生长活力等指标的计算方法依据魏红洋等（2019）的研究，林分多样性指数的计算方法依据刘灿然等（1998）的研究。

　　本研究结合实际情况以及前人关于森林更新影响因子的相关研究，主要从林分结构、林分因子、土壤理化性质、林下植被特征和干扰 5 个方面来对不同林型下森林更新影响的差异进行探讨，并以这 5 个方面对应层次分析法中层次结构的约束层（B 层）。林分结构方面主要考虑空间结构和非空间结构，空间结构包括角尺度、大小比和混交度，非空间结构包括林分生长活力和林木稳定性；林分因子方面主要以密度、郁闭度、平均胸径、平均树高和单位蓄积进行表征；土壤理化性质包括枯枝落叶层厚度、有机质含量、全氮含量、全磷含量、全钾含量；林下植被特征包括灌木盖度、Simpson 指数、Shannon-Wiener 指数和 Pielou 均匀度指数；干扰方面主要考虑采伐强度对更新的影响。各评价指标见图 5-7。

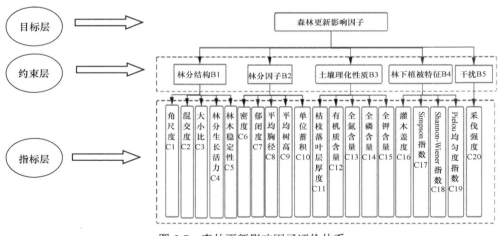

图 5-7　森林更新影响因子评价体系

　　在 Yaahp6.0 软件中绘制已经构建好的层次结构，根据判断矩阵所确定的通过一致性检验的结果作为层次分析法确定的各指标权重值，并对各指标权重值进行熵值权重的计算，最后通过公式计算得出最终权重值，结果见表 5-12。由表 5-12 可知，白桦林和针阔混交林中以熵值-AHP 法最终确定的各约束层权重值的排序表现一致，从大到小的排序均为：B1>B2>B3>B4>B5，落叶松林中以熵值-AHP 法最终确定的各约束层权重值从大到小的排序为：B2>B1>B3>B4>B5。从约束层角度来看，白桦林和针阔混交林在林分结构（B1）中贡献最大的指标均为林分生长活力（C4），在该约束层下落叶松林中贡献最大的指标为混交度（C2）；在林分因子（B2）层面，白桦林中贡献最大的指标为单位蓄积（C10），针阔混交林中为郁闭度（C7），落叶松林中为平均胸径（C8）；在土壤理化性质（B3）层面，三种林型中贡献最大的指标均为枯枝落叶层厚度；在林下植被特征（B4）层面，三种林型中贡献最大的指标均为 Pielou 均匀度指数（C19）。

表 5-12　各指标权重

约束层	指标层	AHP	白桦林		针阔混交林		落叶松林	
			熵值法	熵值-AHP法	熵值法	熵值-AHP法	熵值法	熵值-AHP法
B1	C1	0.034	0.037	0.036	0.034	0.034	0.027	0.031
	C2	0.037	0.050	0.043	0.012	0.025	0.079	0.058
	C3	0.034	0.035	0.035	0.047	0.041	0.040	0.037
	C4	0.049	0.065	0.057	0.341	0.195	0.046	0.047
	C5	0.046	0.058	0.052	0.009	0.027	0.041	0.043
B2	C6	0.032	0.069	0.050	0.032	0.032	0.072	0.052
	C7	0.046	0.028	0.037	0.081	0.063	0.050	0.048
	C8	0.049	0.033	0.041	0.039	0.044	0.080	0.064
	C9	0.027	0.040	0.033	0.014	0.021	0.038	0.032
	C10	0.046	0.074	0.060	0.036	0.041	0.046	0.046
B3	C11	0.086	0.020	0.053	0.034	0.060	0.039	0.063
	C12	0.029	0.075	0.052	0.013	0.020	0.050	0.039
	C13	0.029	0.050	0.039	0.025	0.027	0.065	0.047
	C14	0.029	0.028	0.028	0.046	0.037	0.017	0.023
	C15	0.029	0.049	0.039	0.025	0.026	0.045	0.037
B4	C16	0.05	0.020	0.035	0.024	0.037	0.029	0.039
	C17	0.05	0.053	0.052	0.035	0.043	0.047	0.048
	C18	0.05	0.035	0.042	0.028	0.039	0.023	0.037
	C19	0.05	0.060	0.055	0.046	0.048	0.063	0.058
B5	C20	0.2	0.122	0.161	0.080	0.140	0.103	0.151

5.3.2　综合评价值的确定

由于指标的层次分析权重排序往往与熵值法权重排序有较大差别，因此本研究用熵值法权重（u_i）对层次分析权重（w_i）进行修正处理，结合前人研究（陈莹等，2019），取 α=0.5 代入式（5-25），从而得到各指标最终权重 λ_i，组合权重随 α 的改变而改变，当 α=1 和 α=0 时，分别对应于 AHP 法和熵值法。α 如何合理地取值有很多讨论，主要有 3 种排序：按各指标的重要程度等级排序、按所得指标权重排序和按熵值法所得指标权重排序，α 根据它们的一致程度分别取 0、0.5 和 1。

$$\lambda_i = u_i \times \alpha + w_i \times (1-\alpha) \tag{5-25}$$

本研究采用线性函数综合评价法得到森林更新影响因子的综合评价值。其表达式如下：

$$y = \sum_{i=1}^{n} \lambda_i x_i \tag{5-26}$$

式中，y 为评价目标的综合评价值，λ_i 为与第 i 项评价指标 x_i 相应的权重值。

以森林更新影响因子的综合评价值为基础，在得出三种林型下各固定样地的综合评价值得分之后，采用得分排序并取 5 个尺度（前 10%、前 20%、前 30%、前 40%、前 50%）的方法对不同林分类型固定样地块数进行统计，得到现有林型下森林更新相对最优的林型。由图 5-8 可以看出，在综合评价值排名前 10%（前 12），只出现了落叶松林样地，从前 20%（前 23）开始，出现了白桦林，随着尺度的增大，两种林型的样地数量逐渐增多，在前 50%（前 58），落叶松样地数量占总样地数量的 82.8%，在所选取的所有排名尺度内都没有出现针阔混交林，结合表 5-13 给出的三种林型熵值-AHP 法评价值特征，针阔混交林的综合评价值也处于偏低水平，总体来说，落叶松林的更新状况相对于其他两个林型有一定优势。

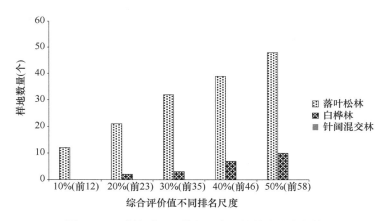

图 5-8　三种林型不同排名尺度下的样地分布规律

表 5-13　三种林型的熵值-AHP 法评价值特征

林型	样地数（块）	熵值-AHP 法			
		均值	标准差	极小值	极大值
白桦林	21	0.601	0.098	0.358	0.762
针阔混交林	26	0.355	0.063	0.263	0.573
落叶松林	69	0.672	0.125	0.353	0.984

在进行综合评价时，指标权重的确定方法尤为重要，通过主客观相结合的方法可以降低主观随意性，使评价结果更加客观。熵值-AHP法作为一种将主观赋权法和客观赋权法相结合的综合评价方法被应用于森林资源健康评价（邓须军和黄芷妍，2017）、防护林防护效能评价（郝清玉等，2009）、生态功能综合评价（张甜，2019）以及最优树种组成评价（陈莹等，2019）等林学领域的研究。本研究采用了熵值-AHP法对森林更新影响因子进行了综合评价，得出的结果呈现出一定的导向性。

本评价体系也存在需要改进的地方，在实际研究中，参考指标越多则得出的结果越具有实际意义（乌吉斯古楞，2010），本研究在干扰程度上只选取了采伐强度一个指标，从理论上讲，可以选择采伐强度和采伐次数（易青春等，2013），但是在实际森林调查中，由于天然次生林抚育间伐的复杂性和当地调查的困难性，采伐次数的调查数据很难获取，所以只选择了采伐强度一个指标，本研究中大部分采伐强度在30%以下。干扰可以分为人为干扰（采伐、抚育间伐等）、自然干扰（风倒木等），有关这一约束层指标选取的问题会在今后的研究中进一步完善。

在以往的森林调查中，采用在样地的四角和中心设置小样方的方法进行更新状况调查存在一定的缺陷性，而对样地进行全林的更新调查又在时间和精力上耗费巨大，在实际调查中，往往无法直观判断森林更新的优劣情况，更新优劣包括更新质量和更新数量，我们之所以选择用更新密度作为评价优劣的标准，是因为在样地调查时我们就考虑了森林更新质量的影响，对于丛生和蘖生的幼苗没有进行统计，如果将这些数据统计在内，势必影响森林更新质量，所以我们只统计实生的更新株数。此外，本研究选择森林更新影响因子的综合评价值对森林更新优劣进行判断，是因为森林更新优劣与其影响因子有直接的关系，有关森林更新影响因子的研究比较多，以此为切入点在评价的可信度上比较高，单纯评价森林更新本身所涉及的评价指标（包括地径、幼苗高等）比较少，并不能尽量完整、客观地进行评价，因此我们选择一种间接的评价方法，并用实测数据对这种方法的准确性进行验证，综合评价值的结果显示落叶松林的更新情况相对优于白桦林和针阔混交林的更新情况，这也为今后在该地区实行人工补植等方面的森林经营措施提供了一些借鉴。

5.3.3　模型拟合优度比较

使用赤池信息量准则（AIC）和均方误差（MSE）对熵值-AHP模型的拟合效果进行评价，当MSE越小时，说明模型拟合精度越高，AIC可用于衡量模型的复杂程度和拟合效果，AIC越小，说明模型拟合效果越好（宋喜芳等，2009）。二者具体公式如下：

$$\text{MSE} = \frac{\sum\limits_{i=1}^{n}(y_i - \hat{y}_i)^2}{n-p} \qquad (5\text{-}27)$$

式中，n 为样点个数；p 为变量个数；y_i 为更新株数的观测值；$\hat{y}_i$ 为更新株数的预测值。

$$\text{AIC} = n \times \ln\left(\frac{\text{SSE}}{n}\right) + 2p \qquad (5\text{-}28)$$

式中，n 为观测值个数；p 为模型参数个数；SSE 为残差平方和。

运用 SAS9.3 建立全局泊松模型，并对全局泊松模型拟合效果进行评价。使用 GWR4.0 建立 5km、10km、15km 和 20km 四个空间尺度的地理加权泊松模型，运行过程中采用 model type 下的 Poisson 选项进行模型设置，采用 Excel 下宏文件 ROOKCASE 对全局和局域 Moran I 进行计算。利用反距离权重法（inverse distance weight，IDW）绘制各个结果下的空间分布图。

由图 5-9 可知，全局泊松模型的残差范围明显大于 4 个尺度局域模型的残差范围，其中 5km 局域模型的残差范围最小，说明该尺度下的局域模型稳定性最好，随着空间尺度逐渐增大，局域模型的残差范围逐渐增大，全局泊松模型稳定性下降。尤其在研究区中部，小尺度（5km 和 10km）下的局域模型在分级的细化程度和精度上也要好于全局泊松模型和其他尺度下的局域模型，在整个研究区范围内，5km 局域模型残差的正负值分布比较均匀，模型残差形成了较好的局域

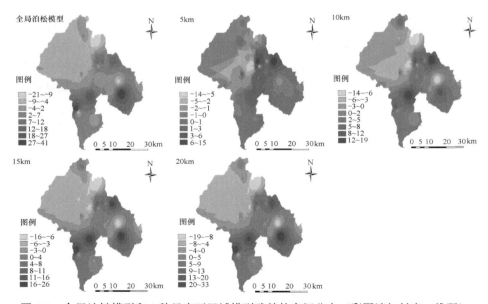

图 5-9　全局泊松模型和 4 种尺度下局域模型残差的空间分布（彩图请扫封底二维码）

化分布效果，同时 5km 局域模型残差值在大部分区域都在 0 左右浮动，并没有发现较大范围的偏差，随着空间尺度逐渐增大，15km 局域模型残差的空间分布和全局泊松模型残差的空间分布较为相似，说明小尺度下局域模型可以很好地模拟更新株数的空间分布情况。

由表 5-14 可知，各尺度下局域模型的 AIC 和 MSE 均明显小于全局泊松模型的 AIC（450.1）和 MSE（296.2），说明局域模型的拟合效果优于全局泊松模型，5km 局域模型的 AIC（105.9）和 MSE（72.1）在所有局域模型中最小，就本研究而言，小尺度局域模型的拟合优度要好于其他尺度局域模型。

表 5-14　全局泊松模型和 4 种尺度下局域模型拟合统计量

模型	MSE	AIC
全局泊松模型	296.2	450.1
5km 局域模型	72.1	105.9
10km 局域模型	137.4	119.1
15km 局域模型	192.0	139.2
20km 局域模型	230.7	156.5

5.3.4　评价效果的检验

本研究以建立森林更新影响因子评价体系的角度为切入点，对森林更新优劣情况进行判断，我们利用综合评价值与实测数据在不同尺度排序范围内（前 20%、前 50%、前 80%）的匹配度对森林更新影响因子评价值在判断更新优劣的准确性上进行检验。本研究中涉及的层次分析法采用 Yaahp11.3 软件实现权重值计算，熵值法在 Excel 2019 中实现，结构特征中角尺度、混交度、大小比运用 Winkelmass 2006 版本进行计算，其他相关数据处理、绘图等则分别在 Excel 2019 和 SPSS 20.0 支持下完成。

对不同林型下综合评价值对森林更新优劣判断效果的准确性进行检验，将各林型综合评价值和对应样地的更新密度进行降序比较，在给定范围内（前 20%、前 50%、前 80%）对比两者所包含样地的匹配度。白桦林中（表 5-15），在前 20%范围内，样地更新密度与综合评价值的结果匹配度为 100%，即综合评价值较高的样地其树种更新密度也表现出明显优势。在扩大比较范围后，两者结果匹配度有不同程度的下降，但均达 90%以上（前 50%范围内，匹配度为 90.9%；前 80%范围内，匹配度为 94.1%）。在针阔混交林（表 5-16）和落叶松林（表 5-17）中，综合评价值与实测更新密度在 3 个给定范围内的匹配度也均在 90%以上。总体来说，三种林型下森林更新影响因子的综合评价值都可以很好地反映样地更新的优劣情况。

表 5-15 白桦林中综合评价值和实测数据的匹配度比较

比较范围	匹配结果		
	更新株数密度	综合评价值	匹配度（%）
前 20%	B07 B10 B12 B19	B07 B10 B12 B19	100
前 50%	B02 B03 B07 B09 B10 B12 B13 B14 B15 B19 B21	B02 B03 B07 B09 B10 B12 B13 B14 B15 B19 B21	90.9
前 80%	B02 B03 B04 B06 B07 B08 B09 B10 B12 B13 B14 B15 B16 B17 B19 B20 B21	B01 B02 B03 B04 B06 B07 B08 B09 B10 B12 B13 B14 B15 B17 B19 B20 B21	94.1

注：表中各编号代表白桦林的样地编号

表 5-16 针阔混交林中综合评价值和实测数据的匹配度比较

比较范围	匹配结果		
	更新株数密度	综合评价值	匹配度（%）
前 20%	CBMF01 CBMF02 CBMF06 CBMF17 CBMF26	CBMF01 CBMF02 CBMF06 CBMF17 CBMF26	100
前 50%	CBMF01 CBMF02 CBMF05 CBMF06 CBMF15 CBMF16 CBMF17 CBMF18 CBMF20 C BMF21 CBMF22 CBMF23 CBMF26	CBMF01 CBMF02 CBMF03 CBMF05 CBMF06 CBMF15 CBMF16 CBMF17 CBMF18 CBMF20 CBMF21 CBMF23 CBMF26	92.3
前 80%	CBMF01 CBMF02 CBMF03 CBMF04 CBMF05 CBMF06 CBMF08 CBMF09 CBMF13 CBMF15 CBMF16 CBMF17 CBMF18 CBMF19 CBMF20 CBMF21 CBMF22 CBMF23 CBMF24 CBMF25 CBMF26	CBMF01 CBMF02 CBMF03 CBMF04 CBMF05 CBMF06 CBMF08 CBMF11 CBMF13 CBMF15 CBMF16 CBMF17 CBMF18 CBMF19 CBMF20 CBMF21 CBMF22 CBMF23 CBMF24 CBMF25 CBMF26	95.2

注：表中各编号代表针阔混交林的样地编号

表 5-17 落叶松林中综合评价值和实测数据的匹配度比较

比较范围	匹配结果		
	更新株数密度	综合评价值	匹配度（%）
前 20%	L09 L10 L11 L12 L13 L23 L24 L25 L26 L27 L30 L45 L63 L64	L09 L10 L12 L13 L14 L23 L24 L25 L26 L27 L30 L45 L63 L64	92.9
前 50%	L01 L02 L03 L04 L09 L10 L11 L12 L13 L14 L15 L17 L18 L19 L20 L21 L23 L24 L25 L26 L27 L28 L29 L30 L33 L35 L44 L45 L46 L58 L62 L63 L64 L65 L69	L01 L02 L03 L04 L08 L09 L10 L11 L12 L13 L14 L15 L17 L18 L19 L21 L23 L24 L25 L26 L27 L28 L29 L30 L33 L40 L43 L44 L45 L58 L62 L63 L64 L65 L69	91.4
前 80%	L01 L02 L03 L04 L05 L06 L07 L08 L09 L10 L11 L12 L13 L14 L15 L16 L17 L18 L19 L20 L21 L22 L23 L24 L25 L26 L27 L28 L29 L30 L33 L35 L36 L37 L38 L40 L42 L43 L44 L45 L46 L47 L48 L49 L50 L51 L53 L57 L58 L61 L62 L63 L64 L65 L69	L01 L02 L03 L04 L05 L06 L08 L09 L10 L11 L12 L13 L14 L15 L16 L17 L18 L19 L20 L21 L22 L23 L24 L25 L26 L27 L28 L29 L30 L32 L33 L36 L37 L38 L40 L42 L43 L44 L45 L46 L47 L48 L49 L50 L51 L53 L57 L58 L61 L62 L63 L64 L65 L69	98.1

注：表中各编号代表落叶松林的样地编号

6 天然次生林林木空间分布格局及其尺度效应

大兴安岭林区分布着大面积的天然次生林，其天然次生林面积占全区森林总面积的80%以上。以往的研究多运用不同的分析方法定量描述大兴安岭天然次生林种群分布格局（淑梅等，2008；邢晖等，2014），对于该地区不同空间尺度下种群分布格局和种内、种间关联性的研究较少涉及。此外，通过研究该地区种群空间分布和种间关联性进而深入理解群落演替进程的有关探讨相对缺乏，对该地区在森林更新方面的研究也相对较少。本章运用点格局和格局指数的方法，对大兴安岭地区不同林分类型下幼苗、幼树的空间分布格局以及种间和种内关联性进行研究，旨在探讨和揭示上层乔木和下层幼苗、幼树的空间分布格局和关联性，为该地区天然次生林的恢复和森林质量的提升提供理论依据。

6.1 林木空间分布的点格局分析

天然次生林是经过次生演替而形成的次生群落，具有树种繁多、分布范围广等特点，天然次生林不但可以作为重要的木材生产基地，而且在涵养水源、维持生态系统平衡、增加碳汇（Zhu *et al.*，2017）、维持碳平衡以及气候调节方面也起到了重要的作用（Yu *et al.*，2011）。从全球范围内看，天然次生林是森林资源的重要组成部分，天然次生林总面积占全球森林总面积的半数以上，但是由于经营不当以及受到火灾、病虫害和气候因素影响，1990～2015 年，全球天然次生林面积仅由 23.15 亿 hm^2 增长到 23.30 亿 hm^2，占森林总面积的比重也仅由 56.08%增长到 58.27%（Nanami *et al.*，2004）。我国大兴安岭地区由于前期大规模的采伐和后期经营措施不合理，再加上极端天气的共同作用，该地区天然次生林普遍存在生长状况良莠不齐、林分的动态演替稳定性较低等问题，如何加速天然次生林自然演替过程，提升森林自我修复能力，对于森林经营者来说是亟待解决的问题。

天然更新作为森林资源再生产的过程，其对于植物种群在时间和空间上不断延续和演替，以及未来森林种群的构建及其生态服务功能都具有深远的影响（Guariguata and Pinard，1998；Szwagrzyk *et al.*，2001）。空间分布格局和空间关联性是种群生态关系在空间格局上的两种表现形式，也是植物空间格局研究的两个主要内容（郭垚鑫等，2011，2014）。在森林演替过程中，乔木树种的更新，对未来林分的生长和发育具有决定性作用，了解幼苗、幼树空间分布格局可以提高森林管理的有效性，同时对种群恢复起到积极作用，良好的天然更新可以促进次生林的正向演替（Christie and Armesto，2003；Muller-Landau *et al.*，2008；D'Amato *et al.*，2009）。

本节以黑龙江大兴安岭地区新林林业局翠岗林场的白桦林、针阔混交林、针叶混交林 3 块天然次生林固定样地为研究对象，运用 O-ring 空间点格局分析方法，对 3 种森林类型不同发育阶段优势树种和主要树种的空间分布格局及空间关联性进行深入研究，旨在从空间格局角度认识该地区不同群落的种群生物学特性及空间关系，探讨其格局形成的内在机制，为制订该地区合理的森林经营方案提供理论依据。数据来源于 2017 年 8~9 月，在大兴安岭地区新林林业局翠岗林场设置的 3 块面积均为 1hm² 的固定样地，森林类型分别为白桦林（birch forest，BF）、针阔混交林（coniferous and broadleaved mixed forest，CBMF）和针叶混交林（coniferous mixed forest，CMF）。所选的 3 种林型为该林场的主要森林类型，其中针叶混交林中落叶松占比 60% 以上，在样地布设时，可以找到样地面积较小的落叶松纯林，但是由于过度采伐，对于设置较大面积的落叶松纯林样地存在一定困难，因此我们选取以落叶松为主的针叶混交林进行分析，这也可以很好地反映该林场现阶段森林资源的状况。各样地的基本调查因子见表 6-1。

表 6-1 样地基本调查因子

林型	平均胸径（cm）	平均树高（m）	断面积（m²/hm²）	密度（株/hm²）	郁闭度	海拔（m）
BF	12.5±4.2	13.2±3.4	13.8	1109	0.5	566
CBMF	13.1±4.6	13.3±3.6	19.6	1431	0.7	546
CMF	10.4±4.0	11.0±3.1	21.0	3041	0.6	457

6.1.1 幼苗、幼树等级划分

综合考虑研究目的以及前人的研究结果，将 3 种林型的所有树种按以下标准划分为 5 个等级：①幼苗（$H<30cm$）；②幼树（$30cm \leq H<2m$）；③小树（$H \geq 2m$ 且 DBH<5cm）；④中树（$5cm \leq DBH<15cm$）；⑤大树（DBH$\geq$15cm）。

由表 6-2 可以看出，在白桦林中，白桦作为优势树种在所有树种中占据着最大的比重，其断面积为总断面积的 90.9%，其他树种如毛赤杨、柳树均少量出现。在针阔混交林中，以落叶松和白桦为主，两者断面积为总断面积的 98.2%。在针叶混交林中，落叶松、樟子松和云杉三种针叶树种的断面积为总体的 86.6%，其中落叶松所占的比重最大，其断面积为总体的 62.0%，其他阔叶树种白桦的断面积之和占总体的 39.1%。从图 6-1 可以看出，3 种林型的死亡主要集中在胸径小的树木上，随着胸径增大，枯损密度逐渐减小，针叶混交林各径级林木呈现反 "J" 形曲线分布。

表 6-2 各样地物种数量及其断面积

森林类型	树种	总株数	幼苗	幼树	小树	中树	大树	断面积（m²/hm²）	断面积比例（%）
	Lg	282	1	123	98	46	14	0.935	6.8
	Bp	1926	62	538	322	791	213	12.552	90.9
BF	Po	108	0	10	83	14	1	0.117	0.8
	Al	1285	0	795	464	26	0	0.182	1.3
	Sa	8	0	1	3	4	0	0.022	0.2
	总计	3609	63	1467	970	881	228	13.808	100.0
	Lg	970	4	74	54	612	226	11.434	58.5
	Bp	728	9	105	37	404	173	7.762	39.7
	Ps	8	0	0	0	4	4	0.247	1.3
CBMF	Pi	2	0	0	0	1	1	0.042	0.2
	Po	75	0	64	5	4	2	0.067	0.3
	Al	695	2	590	103	0	0	0	0
	Sa	4	0	3	1	0	0	0	0
	总计	2482	15	836	200	1025	406	19.556	100.0
	Lg	2720	12	531	527	1537	113	13.005	62.0
	Bp	644	6	251	132	243	12	1.577	7.5
	Ps	351	48	115	30	111	47	2.424	11.6
	Pi	1789	546	841	136	223	43	2.728	13.0
CMF	Po	133	1	27	23	56	26	1.226	5.9
	Al	11	0	6	5	0	0	0	0
	Sa	125	2	105	18	0	0	0	0
	Qm	26	22	4	0	0	0	0	0
	总计	5799	637	1880	871	2170	241	20.960	100.0

注：BF、CBMF、CMF 分别表示白桦林、针阔混交林、针叶混交林；Lg、Bp、Ps、Pi、Po、Al、Sa、Qm 分别表示落叶松、白桦、樟子松、云杉、山杨、毛赤杨、柳树以及柞树

此外，表 6-2 还显示 3 种林型下主要更新树种存在不同，3 种林型中都出现了白桦和落叶松幼苗、幼树和小树更新，毛赤杨更新只出现在针叶混交林和针阔混交林中，且以毛赤杨幼树和小树居多，针叶混交林中更新树种较多，云杉幼树、中树、大树数量较多。白桦林和针叶混交林中幼苗、幼树和小树更新的总株数整体上大于乔木层中树和大树的总株数。

6.1.2 空间点格局分析

本研究采用 Wiegand 和 Moloney（2004）提出的 O-ring 统计方法对 3 种林型不同发育阶段优势树种和主要树种的空间格局和关联性进行分析，在此之前，

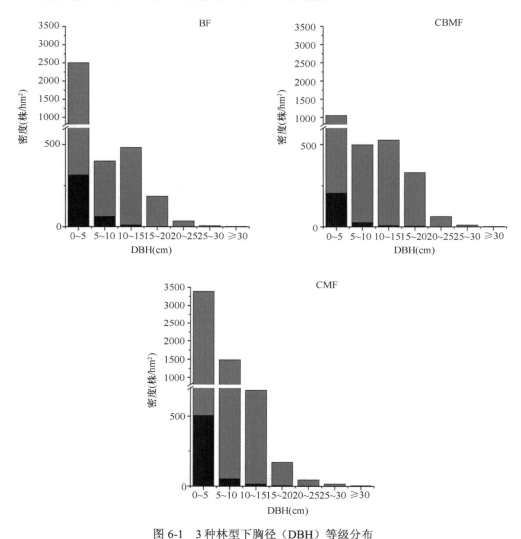

图 6-1　3 种林型下胸径（DBH）等级分布
BF、CBMF、CMF 分别表示白桦林、针阔混交林、针叶混交林；黑色区域表示枯立木，灰色区域表示活立木

Ripley's *K(d)* 函数和 Ripley's *L(d)* 函数作为分析空间点格局的重要方法，一直被广大研究者使用，但是由于这两种方法在使用过程中具有明显的尺度累积效应（即边缘效应）（Stoyan and Penttinen，2000；Erfanifard and Stereńczak，2017），因此也被部分学者诟病。O-ring 函数可以很好地解决这一问题，该方法克服了传统方法只能分析单尺度空间分布格局的缺点，充分利用了不同点的空间信息（Wiegand and Moloney，2004；Wiegand *et al.*，2006）。O-ring 函数的具体公式如下：

$$Ow_{12}(r) = \frac{\frac{1}{n_1}\sum_{i=1}^{n_i}\text{Points}_2[R_{1,i}^w(r)]}{\frac{1}{n_1}\sum_{i=1}^{n_i}\text{Area}[R_{1,i}^w(r)]} \tag{6-1}$$

$$\text{Points}_2[R_{1,i}^w(r)] = \sum_x \sum_y S(x,y)P_2(x,y)I_r^w(x_i,y_i,x,y) \tag{6-2}$$

$$\text{Area}[R_{1,i}^w(r)] = z^2 \sum_{\text{all}x} \sum_{\text{all}y} S(x,y)I_r^w(x_I,y_I,x,y) \tag{6-3}$$

$$I_r^w(x_I,y_I,x,y) = \begin{cases} \&1, \text{当}\ r-\frac{w}{2} \leqslant \sqrt{(x-x_i)^2+(y-y_i)^2} \leqslant r+\frac{w}{2} \\ \&0, \text{其他} \end{cases} \tag{6-4}$$

式中，$Ow_{12}(r)$ 为在点 i 处，半径为 r、圆环宽度为 w 时对象 1 与对象 2 的空间关联值；n_1 为双变量统计中对象 1 的点数量；$R_{1,i}^w(r)$ 是对象 1 中以 i 点为圆心、r 为半径、w 为宽度的圆环；Points$_2$（X）计算区域 X 内对象 2 的点数量；Area（X）为区域 X 的面积；(x_i, y_i) 为对象 1 中 i 点的坐标；$S(x, y)$ 为二分类变量，如果坐标（x, y）在研究区域 X 内，则 $S(x, y)$=1，反之则 $S(x, y)$=0；z^2 表示一个单元格的面积大小；$I_r^w(x_I, y_I, x, y)$ 是随对象 1 中以 i 点为中心、r 为半径的圆而变化的变量；$P_2(x, y)$ 表示分布在单元格内对象 2 的点数量。对单变量的 O-ring 统计可通过设定对象 1 等于对象 2 来计算。

本节研究采用单变量 $O(r)$ 分析 3 种林型不同发育阶段树种的空间分布格局，采用双变量 $O_{12}(r)$ 分析 3 种林型不同发育阶段树种的空间关联性。使用具有完全空间随机性（complete spatial randomness，CSR）的零假设模型来评估单变量点模式。考虑到不同发展阶段的时间序列，采用前因条件假设零模型来评估双变量点模式，即大等级固定小等级随机的假设（Nathan，2006；Wang et al.，2010）。采用 Programita2010 软件对上述树木空间分布的点模式进行分析（Wiegand and Moloney，2014）。为了消除边缘效应，在不超过样地边长一半的情况下，以 1m 的滞后距离进行长达 50m 的空间尺度分析。为了评估实际值与零模型的偏离，进行 99 次 Monte Carlo 模拟得到 95%的置信区间（Miao et al.，2014），为了保证数据的准确性，对于各林型中数量小于 30 株的林木没有进行空间格局分析。采用 Excel 2019 进行图形的绘制。

对 3 种林型中优势树种及其他主要树种在各生长阶段的空间分布格局进行分析，可以更加直观地反映各林型中树种在不同发育阶段的分布状态，为探讨不同树种在相同林型以及相同树种在不同林型中产生空间分布差异的原因及分布规律提供依据。

6.1.2.1　白桦林各树种不同生长阶段下空间分布格局

　　图 6-2 给出了白桦林中优势树种白桦在各生长阶段的空间分布格局，白桦幼苗在 1～7m 尺度上呈聚集分布，在 8～39m 尺度上以均匀分布为主，在 40～47m 尺度上恢复聚集分布（图 6-2，Bp1）。白桦幼树和小树分别在 0～32m 和 0～29m 的尺度上表现为聚集分布状态，在更大的尺度上，小树呈现随机分布的比例要大于幼树随机分布的比例（图 6-2，Bp2，Bp3）。在所有尺度范围内，白桦中树呈现随机分布的比例大于幼苗、幼树和小树阶段（图 6-2，Bp4）。白桦大树除了在 2m 尺度上呈现均匀分布以外，在其他尺度上均呈现随机分布（图 6-2，Bp5）。

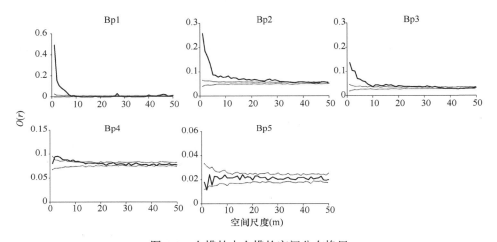

图 6-2　白桦林中白桦的空间分布格局

O（*r*）表示树种的空间聚集程度，图中虚线表示 95%置信区间的上下限，处于上限以上的点表示聚集分布，处于虚线之间的点表示随机分布，处于下限以下的点表示均匀分布，Bp1、Bp2、Bp3、Bp4 和 Bp5 分别表示白桦幼苗、幼树、小树、中树和大树，其他各生长阶段下树种的表达以此类推

　　白桦林中其他树种方面，落叶松幼树、小树以及中树在小尺度上总体呈现出较明显的聚集分布，随着尺度的逐渐增大，各阶段的落叶松处于随机分布状态（图 6-3，Lg2，Lg3，Lg4）。毛赤杨幼树和小树呈现出相似的分布模式，随着尺度的不断增大，依次表现出聚集分布—随机分布—均匀分布的分布特征（图 6-3，Al2，Al3）。山杨小树在 0～27m 尺度上呈现聚集分布，在剩余的尺度上，分布模式在均匀分布和随机分布之间转换，随机分布所占比例略高于均匀分布（图 6-3，Po3）。

6.1.2.2　针阔混交林各树种不同生长阶段下空间分布格局

　　图 6-4 给出了针阔混交林中优势树种落叶松各生长阶段的空间分布格局，落叶松幼树、小树和中树呈现出相似的分布规律，即在小尺度下表现为聚集分布，

随着尺度的增加呈现以随机分布为主的分布状态（图 6-4，Lg2，Lg3，Lg4）。落叶松大树在所有空间尺度上均表现为随机分布状态（图 6-4，Lg5）。

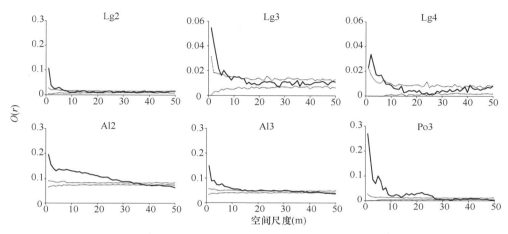

图 6-3　白桦林中其他树种的空间分布格局

$O(r)$ 表示树种的空间聚集程度，图中虚线表示 95% 置信区间的上下限，处于上限以上的点表示聚集分布，处于虚线之间的点表示随机分布，处于下限以下的点表示均匀分布，Lg2、Lg3、Lg4、Al2、Al3 和 Po3 分别表示落叶松幼树、落叶松小树、落叶松中树、毛赤杨幼树、毛赤杨小树和山杨小树，其他各生长阶段下树种的表达以此类推

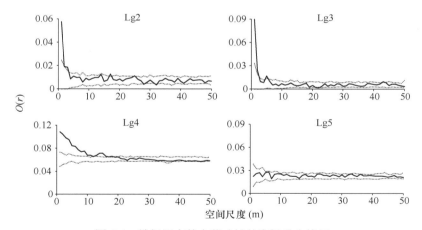

图 6-4　针阔混交林中落叶松的空间分布格局

$O(r)$ 表示树种的空间聚集程度，图中虚线表示 95% 置信区间的上下限，处于上限以上的点表示聚集分布，处于虚线之间的点表示随机分布，处于下限以下的点表示均匀分布，Lg2、Lg3、Lg4 和 Lg5 分别表示落叶松幼树、小树、中树和大树，其他各生长阶段下树种的表达以此类推

针阔混交林中其他树种方面，在总体尺度范围，各个生长阶段下的白桦均以随机分布为主（图 6-5，Bp2，Bp3，Bp4，Bp5）。毛赤杨幼树在 1～17m 尺度上呈现聚集分布状态，在 18～39m 尺度上以随机分布为主，在 40～50m 尺度上又恢复聚集分布状态，毛赤杨小树在 1～5m 尺度上呈现聚集分布，在剩余的尺度

上主要呈现随机分布状态（图 6-5，Al2，Al3）。杨树幼树在 1~21m 尺度上呈现聚集分布，在剩余的尺度上在随机分布和均匀分布之间转换（图 6-5，Po2）。

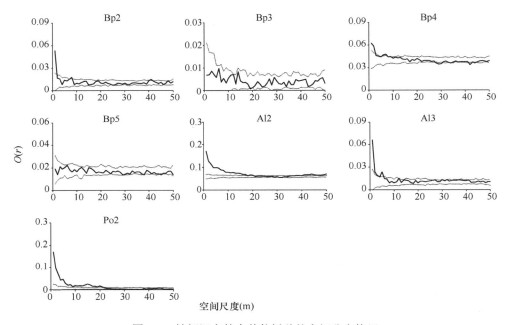

图 6-5　针阔混交林中其他树种的空间分布格局

　O（*r*）表示树种的空间聚集程度，图中虚线表示 95%置信区间的上下限，处于上限以上的点表示聚集分布，处于虚线之间的点表示随机分布，处于下限以下的点表示均匀分布，Bp2、Bp3、Bp4、Bp5、Al2、Al3 和 Po2 分别表示白桦幼树、小树、中树、大树，毛赤杨幼树、小树，以及杨树幼树，其他各生长阶段下树种的表达以此类推

6.1.2.3　针叶混交林各树种不同生长阶段下空间分布格局

　　图 6-6 给出了针叶混交林中优势树种落叶松各生长阶段下的空间分布格局，落叶松幼树和小树呈现出相似的分布趋势，两者在较大范围的尺度内呈现聚集分布（幼树 1~31m，小树 1~35m），然后呈现随机分布状态（幼树 32~37m，小树 36~43m），最后在更大的尺度上呈现均匀分布状态（图 6-6，Lg2，Lg3）。落叶松中树在 1~25m 尺度内以聚集分布为主，在 26~50m 尺度以随机分布为主（图 6-6，Lg4）。落叶松大树在总体上以随机分布为主（图 6-6，Lg5）。

　　针叶混交林中其他树种方面，在总体尺度范围内，云杉幼苗、幼树、小树、中树主要呈现聚集分布（图 6-7，Pi1，Pi2，Pi3，Pi4），云杉大树以随机分布为主（图 6-7，Pi5）。樟子松幼树和中树在 1~30m 尺度内主要表现为聚集分布（图 6-7，Ps2，Ps4），幼苗、小树以及大树在 10~50m 尺度内以随机分布为主（图 6-7，Ps1，Ps3，Ps5）。各生长阶段下的白桦幼树、中树主要处于随机分布状态（图 6-7，Bp2，Bp4），小树在 1~18m 和 19~50m 尺度内分别主要处于聚集分布和随机分布状态（图 6-7，Bp3）。柳树幼树在 1～20m 尺度内以聚集分布为主，在 21～50m 尺度内以随机分布为主（图 6-7，Sa2）。山杨中树在 1～30m 尺度内以聚集分布为主，在 31～45m 尺度内以随机分布为主，在剩余尺度内呈现均匀分布（图 6-7，Po4）。

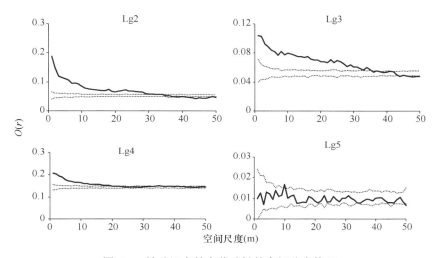

图 6-6　针叶混交林中落叶松的空间分布格局

O（r）表示树种的空间聚集程度，图中虚线表示 95%置信区间的上下限，处于上限以上的点表示聚集分布，处于虚线之间的点表示随机分布，处于下限以下的点表示均匀分布，Lg2、Lg3、Lg4 和 Lg5 分别表示落叶松幼树、小树、中树和大树，其他各生长阶段下树种的表达以此类推

6.1.3　不同生长阶段种内关联性分析

对 3 种林型中优势树种及其他主要树种在不同生长阶段的种内关联性及密度变化进行分析，可以了解不同生长阶段下各树种幼苗、幼树与大树在空间分布上的关系，可以反映大树与幼苗、幼树的距离远近对其密度的影响，对理解乔木种群更新及种群在区域尺度上的变化具有重要意义（陈贝贝等，2018）。

6.1.3.1　白桦林各树种不同生长阶段下的种内关联性

图 6-8 给出了白桦林中优势树种白桦在各生长阶段的关联性，白桦幼苗和幼树在 1～12m 尺度内呈正关联，幼苗和幼树分别在 1～7m 和 1～32m 尺度内与小树显著正关联，同时幼苗密度随着幼苗与幼树以及小树之间距离的增大而逐渐减小，幼树密度也随着幼树与小树之间距离的增加而减小，且都在中等尺度之后趋近于平稳（图 6-8，Bp2-Bp1，Bp3-Bp1，Bp3-Bp2）。白桦幼苗、幼树和小树在总体尺度上与中树呈现出相似的关联性，均依次呈现出负关联—无关联—正关联的关系特征，同时随着与中树之间距离的增大，幼苗、幼树和小树的密度逐渐增

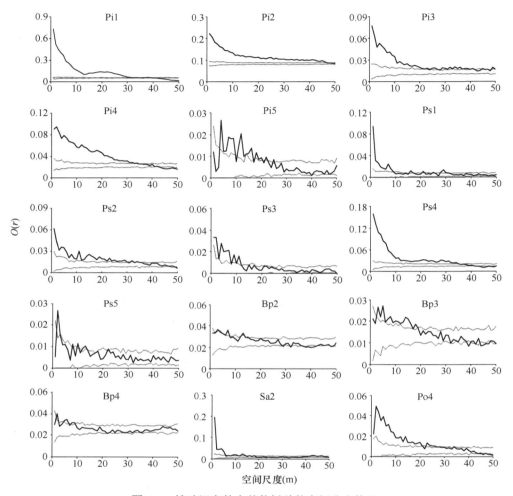

图 6-7　针叶混交林中其他树种的空间分布格局

O（r）表示树种的空间聚集程度，图中虚线表示 95%置信区间的上下限，处于上限以上的点表示聚集分布，处于虚线之间的点表示随机分布，处于下限以下的点表示均匀分布，Pi1、Pi2、Pi3、Pi4、Pi5、Ps1、Ps2、Ps3、Ps4、Ps5、Bp2、Bp3、Bp4、Sa2、Po4 分别表示云杉幼苗、幼树、小树、中树、大树、樟子松幼苗、幼树、小树、中树、大树、白桦幼树、小树、中树、柳树幼树，以及山杨中树，其他各生长阶段下树种的表达以此类推

加，且在距离中树较远的位置上密度开始减小，但是递减幅度并不明显（图 6-8，Bp4-Bp1，Bp4-Bp2，Bp4-Bp3）。白桦幼苗在 0~30m 尺度内与白桦大树之间主要表现为无关联（图 6-8，Bp5-Bp1），白桦幼树和小树均在 0~20m 尺度内与白桦大树之间主要表现为无关联（图 6-8，Bp5-Bp2，Bp5-Bp3），白桦中树在 2~50m 尺度内与白桦大树表现为无关联（图 6-8，Bp5-Bp4），从总体上看，白桦幼树、小树和中树的密度都随着其与大树之间距离的增加而增大，在中等尺度以后增加幅度逐渐趋近于平稳（图 6-8，Bp5-Bp2，Bp5-Bp3，Bp5-Bp4）。

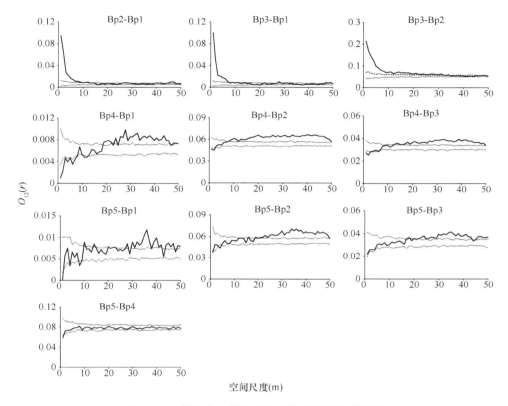

图 6-8　白桦林中白桦在各生长阶段的空间关联性

O_{12}（r）值表示同一树种或不同树种在不同时期的空间联系，图中虚线表示 95%置信区间的上下限，处于上限以上的点表示正关联，处于虚线之间的点表示无关联，处于下限以下的点表示负关联。Bp1、Bp2、Bp3、Bp4、Bp5 分别表示白桦幼苗、幼树、小树、中树、大树

　　白桦林中其他树种方面，落叶松幼树和小树在 1～15m 尺度内主要表现为正关联，幼树密度随着其与小树之间距离的增加呈先减小后增大的趋势，总体上呈"V"形变化（图 6-9，Lg3-Lg2）；幼树和小树分别在 1～6m 和 1～3m 尺度内与中树呈正关联，在随后的尺度上都以无关联为主，幼树和小树密度表现出相似性，两者都随着其与中树之间距离的增加而减小，在 17m 左右幼苗和幼树密度达到最小，之后随着距离的增加两者密度呈小幅增大并趋近于平稳（图 6-9，Lg4-Lg2，Lg4-Lg3）。毛赤杨幼树在 1～34m 尺度内与小树呈正关联，在 35～38m 尺度内表现无关联，在 39～50m 尺度内表现为负关联，在所有尺度上，毛赤杨幼树密度随着其与小树距离的增加逐渐减小（图 6-9，Al3-Al2）。

6.1.3.2　针阔混交林各树种不同生长阶段下的种内关联性

　　图 6-10 给出了针阔混交林中优势树种落叶松各生长阶段之间的关联性，落

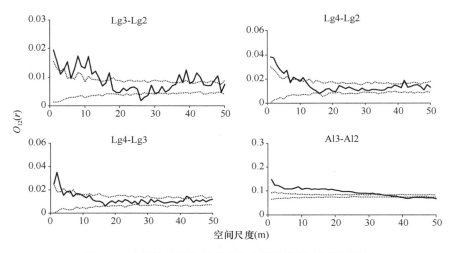

图 6-9　白桦林中其他树种在各生长阶段的空间关联性

$O_{12}(r)$ 值表示同一树种或不同树种在不同时期的空间联系，图中虚线表示 95% 置信区间的上下限，处于上限以上的点表示正关联，处于虚线之间的点表示无关联，处于下限以下的点表示负关联。Lg2、Lg3、Lg4、Al2、Al3 分别表示落叶松幼树、落叶松小树、落叶松中树、毛赤杨幼树、毛赤杨小树

叶松幼树和小树在 1～2m 尺度内呈正关联，在剩余尺度上主要表现为无关联，幼树密度在小尺度上随着其与小树之间距离的增大逐渐减小，然后趋于稳定（图 6-10，Lg3-Lg2）。落叶松幼树和小树与中树在总体尺度上表现为无关联，且两者密度在总体范围内随着其与中树距离的增大并未表现出明显的变化（图 6-10，

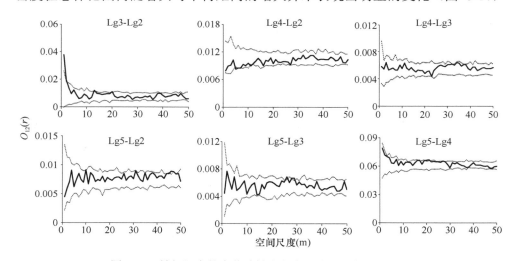

图 6-10　针阔混交林中落叶松在各生长阶段的空间关联性

$O_{12}(r)$ 值表示同一树种或不同树种在不同时期的空间联系，图中虚线表示 95% 置信区间的上下限，处于上限以上的点表示正关联，处于虚线之间的点表示无关联，处于下限以下的点表示负关联。Lg2、Lg3、Lg4、Lg5 分别表示落叶松幼树、小树、中树、大树

Lg4-Lg2，Lg4-Lg3）。落叶松幼树、小树、中树与大树在总体尺度上表现为无关联，幼树和小树在 1～15m 尺度内随着其与大树距离的增大呈先增大后减小的"M"形变化，中树在总体上随着其与大树距离的增大变化幅度较小（图 6-10，Lg5-Lg2，Lg5-Lg3，Lg5-Lg4）。

针阔混交林中其他树种方面，白桦小树与幼树在极小尺度（1～2m）下呈正关联，在随后剩余尺度上两者主要表现为无关联，幼树密度随着其与小树之间距离的增大而逐渐减小并趋于平稳，在较大尺度（45～50m）上有小幅的增加（图 6-11，Bp3-Bp2）。白桦幼树和小树总体上与中树表现为无关联，幼树密度在小尺度上随着其与中树距离的增加而减小并逐渐趋于稳定，小树密度在小尺度（1～15m）上随着其与中树距离的增加呈"M"形变化，在 16m 之后变化幅度较小（图 6-11，Bp4-Bp2，Bp4-Bp3）。白桦幼树、小树、中树与大树在各个尺度上均表现为无关联，幼树和小树密度随着其与大树之间距离的增大呈先减小后增大的波浪线形分布，中树密度随着其与大树之间距离的增大呈先增大后减小的波浪线形变化，三者密度随着其与大树之间距离的增大而变化幅度均较小（图 6-11，

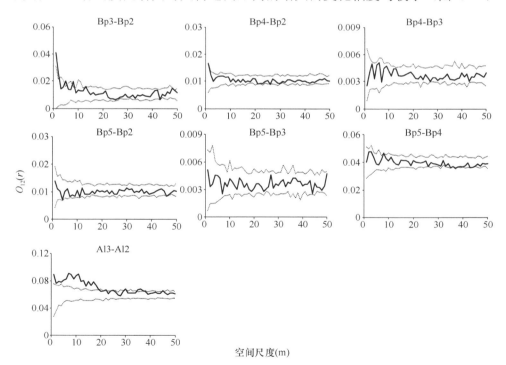

图 6-11 针阔混交林中其他树种在各生长阶段的空间关联性

$O_{12}(r)$ 值表示同一树种或不同树种在不同时期的空间联系，图中虚线表示 95%置信区间的上下限，处于上限以上的点表示正关联，处于虚线之间的点表示无关联，处于下限以下的点表示负关联。Bp2、Bp3、Bp4、Bp5、Al2、Al3 分别表示白桦幼树、小树、中树、大树，以及毛赤杨幼树和小树

Bp5-Bp2，Bp5-Bp3，Bp5-Bp4）。毛赤杨幼树和小树在 1～20m 尺度内表现为正关联，在剩余尺度上主要表现为无关联，总体来看，幼树密度随着其与小树之间距离的增大而逐渐减小，并在中等尺度后趋于稳定（图 6-11，Al3-Al2）。

6.1.3.3 针叶混交林各树种不同生长阶段下的种内关联性

针叶混交林中各树种种类和数量较多，因此本节对各树种分别进行分析。图 6-12 给出了针叶混交林中优势树种落叶松在各生长阶段的关联性，落叶松幼树和小树在 1～36m 尺度上表现为正关联，在 37～39m 尺度上表现为无关联，在 40～50m 尺度上表现为负关联，落叶松幼树密度随着其与落叶松小树之间距离的增大而逐渐减小，并在 46～50m 尺度上趋于平稳（图 6-12，Lg3-Lg2）。落叶松幼树、小树与中树在中等尺度上（11～24m）主要表现为无关联，两者分别在 27～50m 和 25～50m 尺度上与中树表现为完全的无关联，此外落叶松幼树和小树的密度随着其与中树之间距离的增加并未产生明显的变化（图 6-12，Lg4-Lg2，Lg4-Lg3）。落叶松幼树与大树在 1～40m 尺度上主要表现为无关联，在 41～50m 尺度上主要表现为正关联（图 6-12，Lg5-Lg2）。落叶松小树与大树在所有尺度范围内主要表现为无关联（图 6-12，Lg5-Lg3），落叶松中树与大树在 1～4m 尺度上表现为负关联，在 5～31m 尺度上主要表现为无关联，在 32～50m 尺度上主要表现为正关联（图 6-12，Lg5-Lg4），在所有尺度范围内，落叶松幼树、小树和中树的密

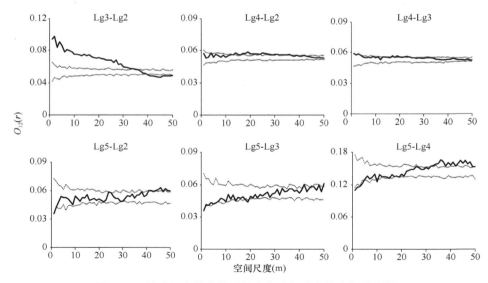

图 6-12 针叶混交林中落叶松在各生长阶段的空间关联性

$O_{12}(r)$ 值表示同一树种或不同树种在不同时期的空间联系，图中虚线表示95%置信区间的上下限，处于上限以上的点表示正关联，处于虚线之间的点表示无关联，处于下限以下的点表示负关联。Lg2、Lg3、Lg4、Lg5 分别表示落叶松幼树、小树、中树、大树

度随着其与大树之间距离的增大而逐渐增大，但是增加幅度较小（图 6-12，Lg5-Lg2，Lg5-Lg3，Lg5-Lg4）。

图 6-13 给出了针叶混交林中樟子松在各生长阶段的空间关联性，樟子松幼苗和幼树在 1~32m 尺度上主要表现为正关联，在 33~50m 尺度上均表现为无关联，总体来看，幼苗密度随着其与幼树之间距离的增大而逐渐减小最后趋于稳定（图 6-13，Ps2-Ps1）。樟子松幼苗和小树分别在 7~15m 和 28~34m 尺度上呈现正关联，在其他尺度上两者主要表现为无关联，此外距离樟子松小树较近处（2~15m）的幼苗密度要明显大于距离樟子松小树较远处（>15m）的幼苗密度（图 6-13，Ps3-Ps1）。樟子松幼树与小树在 1~25m 尺度上主要呈现正关联，在 26~50m 尺度上主要表现为无关联，从总体范围上看樟子松幼树密度随着其与小树之间距离的增大而逐渐减小（图 6-13，Ps3-Ps2）。樟子松幼苗与中树在 1~

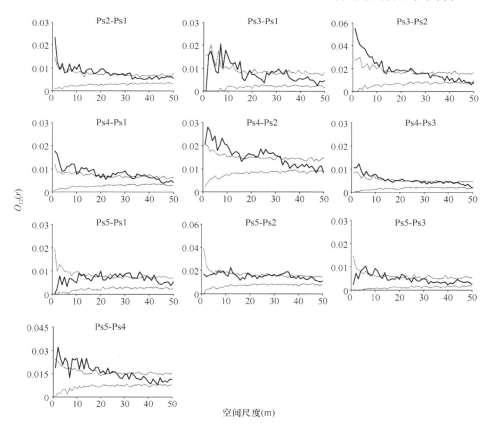

图 6-13　针叶混交林中樟子松在各生长阶段的空间关联性

O_{12}（r）值表示同一树种或不同树种在不同时期的空间联系，图中虚线表示 95%置信区间的上下限，处于上限以上的点表示正关联，处于虚线之间的点表示无关联，处于下限以下的点表示负关联。Ps1、Ps2、Ps3、Ps4、Ps5 分别表示樟子松幼苗、幼树、小树、中树、大树

38m 尺度上主要表现为正关联，在 39～50m 尺度上都表现为无关联，幼苗密度随着其与中树之间距离的增大而表现为先减小后增大再减小的波浪线形分布形式（图 6-13，Ps4-Ps1）。樟子松幼树和中树在 2～34m 尺度上主要表现为正关联，在 35～50m 尺度上主要表现为无关联，幼树密度在总体尺度内随着其与中树之间距离的增大而表现为先增大后减小再增大然后急剧减小的趋势（图 6-13，Ps4-Ps2）。樟子松小树和中树在 1～21m 尺度上主要表现为正关联，在 22～50m 尺度上主要表现为无关联，小树密度在小尺度上随着其与中树之间距离的增大而逐渐减小，在剩余的尺度上趋于平稳（图 6-13，Ps4-Ps3）。在总体尺度范围内樟子松幼苗、幼树和小树与大树之间表现为无关联的比例明显大于表现为正关联的比例，三个阶段下的密度随着它们与大树之间距离的增加而整体上变化幅度不大（图 6-13，Ps5-Ps1，Ps5-Ps2，Ps5-Ps3）。樟子松中树与大树在 1～25m 尺度上表现为正关联，在 26～50m 尺度上表现为无关联，整体上中树密度随着其与大树之间距离的增加而逐渐减小并在 45～50m 尺度上趋于稳定（图 6-13，Ps5-Ps4）。

图 6-14 给出了针叶混交林中云杉在各生长阶段的空间关联性，云杉幼树和幼苗在所有尺度范围内均呈现正关联，幼苗密度在小尺度上随着其与幼树之间距离的增大而逐渐减小，在 16m 左右达到最小，之后逐渐增大，在 40m 之后又逐渐减小（图 6-14，Pi2-Pi1）。云杉幼苗和幼树在总体尺度上随着其与小树距离的增加两者均主要呈现正关联，幼苗密度随着其与小树距离的增加而呈现先增大后减小的趋势，幼树密度随着其与小树距离的增加而逐渐减小（图 6-14，Pi3-Pi1，Pi3-Pi2）。在总体尺度范围内，云杉幼苗和幼树与中树主要表现为正关联，小树与中树在 1～38m 尺度上表现为正关联，在 39～50m 尺度上表现为无关联，云杉幼苗和幼树密度随着其与中树之间距离的增大而呈现先小幅度增大后减小的变化趋势（图 6-14，Pi4-Pi1，Pi4-Pi2），云杉小树密度随着其与中树之间距离的增大而呈逐渐减小的趋势（图 6-14，Pi4-Pi3）。云杉幼苗和中树在总体尺度上与大树呈现出相似的关联性，均依次表现出正关联—无关联—负关联的关系特征，两者密度随着其与大树之间距离的增大而逐渐减小，且变化幅度较大（图 6-14，Pi5-Pi1，Pi5-Pi4）。云杉幼树在总体尺度范围内与大树表现为正关联和无关联相互转换的特征（图 6-14，Pi5-Pi2），云杉小树与大树在 1～25m 尺度上主要表现为正关联，在 26～50m 尺度上主要表现为无关联（图 6-14，Pi5-Pi3），云杉幼树密度在总体范围内随着其与大树之间距离的增大而逐渐减小，但是变化幅度较小（图 6-14，Pi5-Pi2），云杉小树密度随着其与大树之间距离的增加而呈现先增大后减小的趋势（图 6-14，Pi5-Pi3）。

图 6-15 给出了针叶混交林中白桦在各生长阶段的空间关联性，白桦幼树与小树在 1～17m 尺度上主要表现为正关联，在 18～35m 尺度上主要表现为无关联，在 36～50m 尺度上主要表现为负关联，从总体上看，白桦幼树密度随着其

与小树之间距离的增加而逐渐减小（图 6-15，Bp3-Bp2）。白桦幼树和小树在所有尺度范围内与中树均主要表现为无关联，同时两者密度随着它们与中树之间距离的增大并未表现出较大幅度的变化（图 6-15，Bp4-Bp2，Bp4-Bp3）。

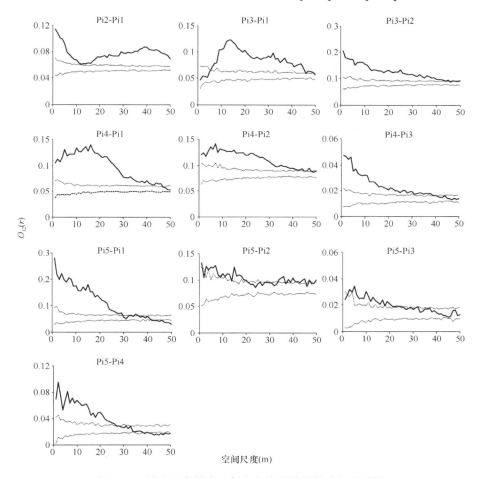

图 6-14　针叶混交林中云杉在各生长阶段的空间关联性

O_{12}（r）值表示同一树种或不同树种在不同时期的空间联系，图中虚线表示 95%置信区间的上下限，处于上限以上的点表示正关联，处于虚线之间的点表示无关联，处于下限以下的点表示负关联。Pi1、Pi2、Pi3、Pi4、Pi5 分别表示云杉幼苗、幼树、小树、中树、大树

6.1.4　优势树种与其他树种的种间关联性分析

对 3 种林型中优势树种和各生长阶段下其他树种的种间关联性进行分析，可以了解优势树种对其他树种在空间尺度范围内生长的抑制或促进作用，对维持种群乃至群落稳定具有重要作用。

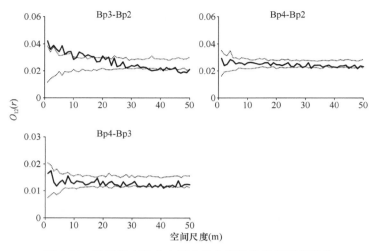

图 6-15 针叶混交林中白桦在各生长阶段的空间关联性

$O_{12}(r)$ 值表示同一树种或不同树种在不同时期的空间联系，图中虚线表示95%置信区间的上下限，处于上限以上的点表示正关联，处于虚线之间的点表示无关联，处于下限以下的点表示负关联。Bp2、Bp3、Bp4 分别表示白桦幼树、小树、中树

6.1.4.1 白桦林优势树种与其他树种的种间关联性分析

图 6-16 给出了白桦林中优势树种白桦和其他树种的种间关联性，优势树种白桦与落叶松整体、幼树和小树表现出相似的关联性，即在 1～15m 尺度上主要表现为正关联，而在剩余尺度内以无关联为主（图 6-16，Bp-Lg，Bp-Lg2，Bp-Lg3）。白桦和山杨主要表现为负关联，与毛赤杨主要以无关联为主（图 6-16，Bp-Po，Bp-Al）。

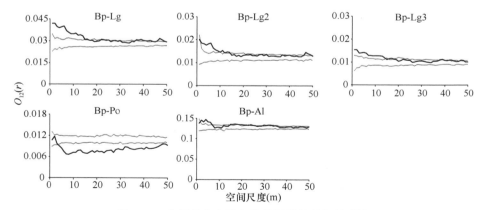

图 6-16 白桦林中白桦与其他树种的种间关联性

$O_{12}(r)$ 值表示同一树种或不同树种在不同时期的空间联系，图中虚线表示95%置信区间的上下限，处于上限以上的点表示正关联，处于虚线之间的点表示无关联，处于下限以下的点表示负关联。Bp、Lg、Lg2、Lg3、Po、Al 分别表示白桦、落叶松整体、落叶松幼树、落叶松小树、山杨、毛赤杨

6.1.4.2　针阔混交林优势树种与其他树种的种间关联性分析

图 6-17 给出了针阔混交林中优势树种落叶松和其他树种的种间关联性，优势树种落叶松与白桦整体、幼树、小树、中树以及大树均主要表现为无关联（图 6-17，Lg-Bp，Lg-Bp2，Lg-Bp3，Lg-Bp4，Lg-Bp5），与山杨和毛赤杨均以正关联为主（图 6-17，Lg-Al，Lg-Po）。

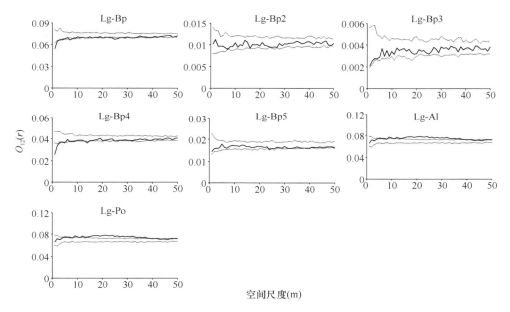

图 6-17　针阔混交林中落叶松与其他树种的种间关联性

$O_{12}(r)$ 值表示同一树种或不同树种在不同时期的空间联系，图中虚线表示 95% 置信区间的上下限，处于上限以上的点表示正关联，处于虚线之间的点表示无关联，处于下限以下的点表示负关联。Lg、Bp、Bp2、Bp3、Bp4、Bp5、Po、Al 分别表示落叶松、白桦整体、白桦幼树、白桦小树、白桦中树、白桦大树、山杨、毛赤杨

6.1.4.3　针叶混交林优势树种与其他树种的种间关联性分析

图 6-18 给出了针叶混交林中优势树种落叶松和其他树种的种间关联性，优势树种落叶松与云杉整体在小尺度下主要呈现负关联，在中等尺度上表现为无关联，在大尺度上表现为正关联（图 6-18，Lg-Pi）。落叶松与云杉幼苗和小树在 1~20m 尺度上分别主要表现为无关联和负关联，在其他尺度上均分别表现为正关联和无关联（图 6-18，Lg-Pi1，Lg-Pi3）。落叶松与云杉幼树主要表现为无关联（图 6-18，Lg-Pi2）。随着尺度的增大，落叶松与云杉中树和大树均依次表现为负关联—无关联—正关联（图 6-18，Lg-Pi4，Lg-Pi5）。

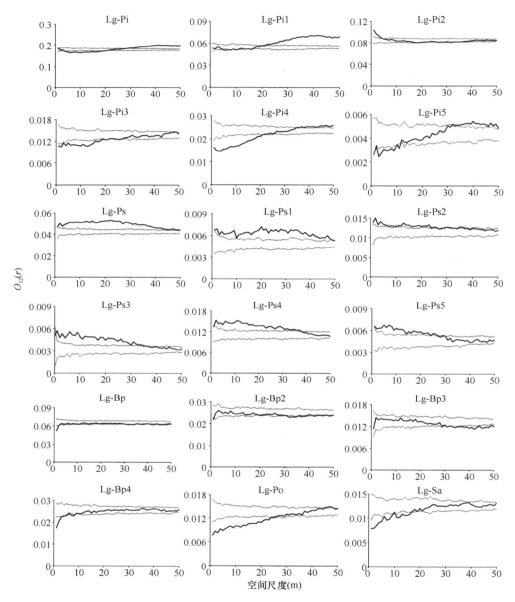

图 6-18　针叶混交林中落叶松与其他树种的种间关联性

O_{12}（r）值表示同一树种或不同树种在不同时期的空间联系，图中虚线表示 95% 置信区间的上下限，处于上限以上的点表示正关联，处于虚线之间的点表示无关联，处于下限以下的点表示负关联。Lg、Pi、Pi1、Pi2、Pi3、Pi4、Pi5、Ps、Ps1、Ps2、Ps3、Ps4、Ps5、Bp、Bp2、Bp3、Bp4、Po、Sa 分别表示落叶松、云杉整体、云杉幼苗、云杉幼树、云杉小树、云杉中树、云杉大树、樟子松整体、樟子松幼苗、樟子松幼树、樟子松小树、樟子松中树、樟子松大树、白桦整体、白桦幼树、白桦小树、白桦中树、山杨、柳树优势树种落叶松与樟子松整体在各个尺度均表现为正关联（图 6-18，Lg-Ps），同时落叶松与樟子松幼苗、幼树、小树和中树主要表现为正关联，正关联所占的比例要高于无关联所占的比例（图 6-18，Lg-Ps1，Lg-Ps2，Lg-Ps3，Lg-Ps4）。落叶松与樟子松大树在 1～25m 尺度上主要呈正关联，在剩余尺度上均表现为无关联（图 6-18，Lg-Ps5）。

优势树种落叶松与白桦整体、幼树、小树和中树在总体上均主要表现为无关联（图 6-18，Lg-Bp，Lg-Bp2，Lg-Bp3，Lg-Bp4）。落叶松与山杨和柳树分别在 1～25m 以及 1～20m 尺度上表现为负关联，在其他尺度上主要表现为无关联（图 6-18，Lg-Po，Lg-Sa）。

本研究采用单变量 O-ring 函数对 3 种林型下主要树种的空间格局进行了分析，在森林演替过程中，幼苗、幼树的空间分布格局对未来林分的生长具有决定性作用（Marimon et al.，2010）。在天然次生林中，林分整体空间分布格局在向顶级群落演替过程中，种群由幼龄树到老龄树的聚集程度会逐渐降低，一般种群空间分布格局的过渡趋势为聚集分布→随机分布→均匀分布（Condit et al.，2000；Perry et al.，2006；Schiffers et al.，2008），同时种群由小径级到大径级的发展过程中，分布格局一般也呈现聚集分布到随机分布的趋势（Gavrikov and Stoyan，1995）。聚集分布形成的主要原因是扩散限制、生境异质性及两者共同作用的影响（Clark et al.，1999；Cain et al.，2000；Das et al.，2011）。在本研究中，3 种林型下落叶松的幼树、小树和中树在小尺度下均表现为聚集分布，这与落叶松树种的扩散特性有关，落叶松种子虽然是翅果，但是由于其种子本身的性质（Marimon et al.，2010），扩散距离与靠重力传播的种子相似，传播距离较近，因此在小尺度上距离母树较近的位置形成较为明显的聚集分布，刚发育阶段种间竞争并不明显，所以聚集分布较为严重，随着种内竞争的加剧，种群的聚集分布程度逐渐减弱，在大树阶段均主要表现为随机分布。落叶松林中各个阶段下的云杉和樟子松表现出和落叶松相似的分布特征，两者种子的扩散方式与落叶松相同，这与寒温带兴安落叶松林的研究结果一致（贾炜玮等，2017）。白桦种子较小且具翅，扩散方式以风力传播为主，具有很强的扩散能力，种子在传播过程中可以迅速占领林窗和裸地，更新能力较强，因此白桦种群主要倾向于随机分布。在本研究中，针阔混交林和针叶混交林各等级下的白桦以随机分布为主，但是在白桦林中，白桦幼树和小树在 1～35m 尺度上以聚集分布为主，这是由于该样地附近存在大面积（面积>100hm^2）的白桦林，在种子扩散过程中在局域范围内易产生聚集分布，而其他两块样地周围的森林类型以混交林为主，表明邻近生境对白桦幼树、小树的空间格局形成也存在一定的影响，这些差异也从侧面证实了不同种群中单个物种分布格局的变化可以为解释不同群落形成和维持机制提供有价值的信息（Wiegand and Moloney，2004；Wiegand et al.，2007）。此外，大量研究表明生境异质性对幼苗、幼树的空间分布格局具有较大的影响，由于我们没有收集光照、温度、土壤养分等生境变量的信息，因此无法对该地区有关生境异质性对幼苗、幼树空间分布格局的影响做出判断，在今后的研究中应加强这方面数据的收集。

在白桦林中，较大径级白桦与较小径级白桦在一定尺度范围内呈现正关联（图 6-8，Bp5-Bp3，Bp5-Bp2，Bp4-Bp3，Bp4-Bp2），暗示较大径级白桦对较小径级白桦的更新起到促进作用，并且在一定范围内随着较小径级白桦与较大径级白桦之间距离的增加，其个体的密度也随之增加，说明距离制约效应在白桦幼树和小树阶段显现（Janzen，1970；Connell，1970），同时优势树种白桦整体在小尺度（1~15m）上与落叶松整体、幼树和小树都表现出正关联（图 6-16，Bp-Lg，Bp-Lg2，Bp-Lg3），说明白桦作为先锋树种，率先进入林地，在其生存过程中，为落叶松的更新及生长创造了良好的依赖环境，此外优势树种与各生长发育阶段下的其他树种在大尺度上的关联性并不明显，这也体现了种群空间分布格局的尺度依赖性，说明在某一特定尺度范围内，树木个体间存在着相互关联，而当超出这一尺度范围时，个体间的相互关联将会大大减弱（Condit et al.，2000）。在针叶混交林中，优势树种落叶松整体在小尺度上与云杉整体呈负关联，表明在该尺度下落叶松对云杉的生长起到了抑制作用，但是当空间尺度增大时，落叶松则与云杉呈正关联，表明处于该尺度内的落叶松对云杉的生长起到促进作用，同样说明了尺度依赖性对于分析种群格局的重要性（图 6-18，Lg-Pi），在这种情况下，应采取适当的间伐措施，改善落叶松与云杉的负关联关系，如调节两种树种之间的距离，从而促进云杉个体的生长。

在研究中我们还发现针叶混交林中情况比较复杂，这也反映了当前大兴安岭的森林现状，由于 20 世纪中后期的大规模采伐，目前大兴安岭林区存在大量森林结构不合理的天然次生林，而研究区翠岗林场作为中国施业区面积最大的林场，林分的生长状况良莠不齐，森林质量低下，急需采取适当的森林经营措施进行改善。在针叶混交林中，在一定尺度范围内，大部分较大径级云杉与较小径级云杉呈正关联（图 6-14）。优势树种落叶松整体与樟子松整体及其各生长发育阶段下的林木主要呈正关联，说明落叶松对樟子松的生长起到促进作用，而落叶松整体分别与白桦整体、山杨整体等阔叶树种在一定尺度上呈负关联，这是由于种间竞争强度与种群动态变化有关，白桦、山杨等作为先锋树种，通常在群落形成初期具有较强的竞争能力，随着群落的不断演替，先锋树种的竞争能力逐渐减弱（Laungani and Knops，2009；García-Cervigón et al.，2013；Read et al.，2017），此外，先锋树种会在群落演替的后期对物种的建立和生长发育起到促进作用（Haugaasen and Peres，2009；Hendriks et al.，2015；张明霞等，2015；Funk et al.，2017）。

6.2 林木空间分布格局的尺度效应

次生林在结构组成、林木生长、林地生境和生态功能等多个方面与原始森林均有显著不同，多表现为生物多样性下降，稳定性和抗逆性减弱等（朱教君，2002）。通过了解次生林林分主要树种在不同尺度下的空间分布格局，可以在某种程度上反映各林木数量的动态变化趋势，对揭示种群恢复机理、指导森林更新工作和林分的可持续经营规划具有重要意义（Green and Connell，2000）。

林木空间分布格局能够体现个体在水平空间上的分布情况，林分的具体空间分布方式主要受植物本身的生物学特性影响，也与种内竞争、种子的散布性以及扩散方式有关（龚直文等，2010；赵中华等，2011；薛文艳等，2017）。杨华等（2014）研究表明，云杉（*Picea asperata*）和冷杉（*Abies fabri*）幼苗、幼树的空间分布格局与取样尺度有密切关系，空间分布格局随着取样尺度的变化而变化。在小尺度上，不同的空间分布格局和空间关联性可能是不同程度的种内或者种间竞争、种子扩散限制等因素所致；而在较大尺度上，不同的空间分布格局和空间关联性则可能是由物种分布的异质性或斑块性，以及不同的生境条件决定的（李雪云等，2018）。岳永杰等（2008）研究认为，天然次生林单种格局在较大尺度范围内呈现聚集分布，只有个别呈现随机分布。可见，取样尺度对林分的空间分布格局有很大影响。

本节对大兴安岭落叶松林、白桦林和落叶松+白桦混交林 3 种典型次生林中，不同树种和不同大小级林木的空间分布格局进行研究，分析方差/均值比率、负二项指数、Green 指数、平均拥挤度和 Morisita 指数 5 个判别指数对尺度变化的响应规律，为大兴安岭地区主要次生林类型林木的经营规划提供科学依据。

在全面踏查的基础上，于 2019 年 7～8 月在翠岗林场选择具有代表性的落叶松林、白桦林和落叶松+白桦混交林，分别设置 100m×100m 固定样地各 1 块。将样地划分成 100 个 10m×10m 的样方，对样方内所有乔木开展每木调查，测量并记录每个乔木树种的名称、胸径、地径、树高、冠幅、相对坐标以及生长状态等。各样地林分基本特征见表 6-3。

表 6-3 各样地林分基本特征

林型	树种组成	树种个数	海拔（m）	平均胸径（cm）	平均树高（m）	单位蓄积（m³/hm²）
BF	9 白 1 落-毛-杨-柳	5	565	11.96	7.36	82.05
LF	7 落 1 云 1 樟 1 白+杨-柳-蒙-毛	8	457	9.69	8.37	103.64
MF	6 落 4 白-樟-杨-云-枫-蒙	8	546	12.32	10.92	116.27

注：BF. 白桦林；LF. 落叶松林；MF. 落叶松+白桦混交林；"白"为白桦，"落"为落叶松，"毛"为毛赤杨，"杨"为杨树，"柳"为柳树，"云"为云杉，"樟"为樟子松，"蒙"为蒙古栎，"枫"为枫桦

6.2.1 林木等级划分

采用空间代替时间方法，选用胸径（DBH）和树高（H）两项指标将所有林木划分为 5 个等级：Ⅰ：H<30cm；Ⅱ：30≤H≤130cm；Ⅲ：H>130cm & DBH<5cm；Ⅳ：5≤DBH<15cm；Ⅴ：DBH≥15cm。径阶距是研究林木直径分布规律的重要基础参数，但现阶段还缺乏科学、合理的划分依据。有研究表明，当林分平均直径<10m 时，采用 1cm 径阶距；当林分平均直径为 10～20cm 时，采用 2cm 径阶距；当林分平均直径>20cm 时，采用 4cm 径阶距（何美成，1998）。由于各样地林木平均直径均小于 20cm，因此采用 2cm 径阶距进行整化。进一步采用负指数方程来研究各林型的直径分布特征，表达式为

$$Y = Ke^{-\alpha x} \tag{6-5}$$

式中，Y 为每个径阶的林木株数；α、K 为直径分布特征的常数；e 为自然对数的底；x 为径阶。将 q 值与负指数分析联系起来，得到公式：

$$q = e^{\alpha h} \tag{6-6}$$

式中，q 为相邻径阶株数之比；α 为负指数分布的结构常数；h 为径阶距。有研究表明，天然异龄林直径分布的 q 值通常为 1.2～1.7。当 q<1.2 时，表明林分中大树数量相对较多，当 q>1.7 时，表明林分中小树数量较多。如果异龄林的 q 值在这个区间内，说明该异龄林的株数分布合理（何美成，1998；杨秀清和韩有志，2010；庄丽娟等，2019）。分别将 3 块样地林木按高度进行结构划分，以 2m 为一个树高阶，作累计柱状图并进行趋势线拟合，可对未来林木的数量变化趋势进行较为科学的预测。采用相邻格子样方法将各样地划分为 9 种不同尺度的样方，其大小分别为 5m×5m、5m×10m、10m×10m、10m×20m、20m×20m、20m×30m、30m×30m、30m×40m 和 50m×50m。整块样地内对应的各尺度样方数量分别为 400 个、200 个、100 个、50 个、25 个、15 个、9 个、6 个和 4 个。在样方划分过程中，当整块样地不是小样方面积的整数倍时，采用去边方式进行处理。

落叶松林、白桦林和落叶松+白桦混交林 3 块样地的密度分别为 6720 株/hm², 2873 株/hm²、2175 株/hm²，其中更新层Ⅰ、Ⅱ、Ⅲ级林木的株数分别占总体的 60.7%、22.6%和 21.4%（图 6-19）。根据《森林资源规划设计调查技术规程》（GB/T 26424—2010），落叶松林更新密度达到良好状态，而其他两种林型均为不良状态。各样地更新层树种组成均与乔木层存在显著差异，其中落叶松林样地更新层和乔木层分别为 4 落 4 云 1 白 1 其他、8 落 1 云 1 白，白桦林样地分别为 5 白 4 毛 1 落和 6 白 3 毛 1 落，而落叶松+白桦混交林则分别为 6 毛 2 白 2 落和 5 落 4 白 1 毛。

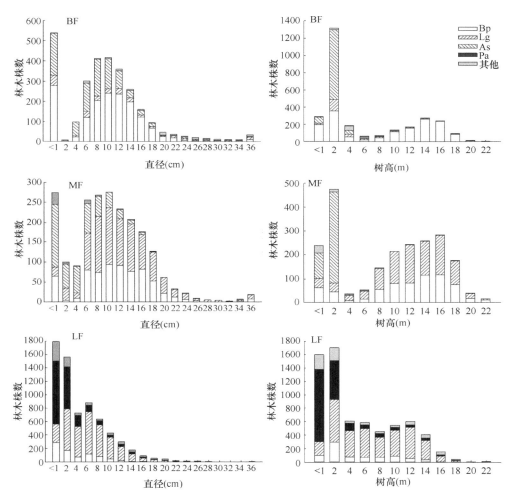

图 6-19　各林型主要树种直径和树高分布

BF. 白桦林；LF. 落叶松林；MF. 落叶松+白桦混交林；Bp. 白桦；Lg. 落叶松；As. 毛赤杨；Pa. 云杉

对各样地径阶分布而言（径阶距=2cm，表 6-4），落叶松林和落叶松+白桦混交林的径阶分布均较为合理，其 q 值分别为 1.58 和 1.30，而白桦林的径阶分布则不够合理（q=1.17），主要表现为更新层苗木多为 DBH<1cm（约占该样地林木总株数的 18.8%），且在 2cm 和 4cm 径阶处出现断崖式下跌，而乔木层林木径阶则均呈明显的左偏正态分布特征。各样地树高同样呈明显的多峰状分布特征，特别是在 4～8m 高度级处明显偏少。可见，3 块样地均属于不稳定群落，在后续演替过程中将发生明显的树种更替。

表 6-4   各林型径阶分布的负指数模型拟合结果

林型	K	α	R^2	q 值
BF	207.71	0.08	0.36	1.17
LF	3096.29	0.23	0.96	1.58
MF	525.26	0.13	0.69	1.30

注：BF. 白桦林；LF. 落叶松林；MF. 落叶松+白桦混交林

6.2.2   分布格局指数与种群格局规模

林分空间分布格局一般包含 3 种类型，即随机分布、均匀分布和聚集分布（赖叶青等，2019）。在不同取样尺度下，采用方差/均值比率（C_0）、负二项指数（K）、Green 指数（GI）、平均拥挤度（m^*）和 Morisita 指数（I）5 个判别指数对各尺度下不同树种、不同大小级林木的空间分布格局进行综合判定（表 6-5）。当上述 5 个判别指数中有 3 个及 3 个以上判定结果一致时，则判定其为该种群的空间分布格局（李晓慧等，2006；张金屯，2011；Greig，1983；贾炜玮等，2017）。

表 6-5   判别指数公式及其判定标准

编号	名称	公式	随机分布	聚集分布	均匀分布
1	方差/均值比率（C_0）	$C_0 = V / m$	1	>1	<1
2	负二项指数（K）	$K = m^2 / (V - m)$	0	>0	<0
3	Green 指数（GI）	$\mathrm{GI} = (C_0 - 1)/(n - 1)$	0	>0	<0
4	平均拥挤度（m^*）	$m^* = (m + V)/(m - 1)$	m	>m	<m
5	Morisita 指数（I）	$I = n \times \left(\sum m^2 - \sum m\right)/[(\sum m)^2 - \sum m]$	1	>1	<1

注：n. 样方个数；V. 泊松分布总体的方差；m. 泊松分布总体的均值（期望）

根据 9 种取样尺度，参照 Greig-Smith 区组均方分析法研究各样地不同树种、不同大小级林木的种群格局规模（张维等，2016；Greig，1952）。计算每一个区组观测值的平方和，然后用该值除以相应单元个数，并在相邻两区组之间作差，用后一组的单元个数除以该差值后得到前一区组对应的均方值。以均方值为纵坐标、取样面积为横坐标作折线图，由此判定格局规模（Díaz *et al.*，2000）。

6.2.2.1   各林型不同树种空间分布格局及其尺度效应

由于落叶松和白桦为大兴安岭地区主要的优势种和建群种，因此将落叶松和白桦单独提出，将其余树种归类为其他。由图 6-20 可以看出，3 个树种在空间上呈现出明显的聚集分布特征。除较大空间尺度（50m×50m）外，各林型内不同树种空间分布格局整体均以聚集分布为主（表 6-6），但同一树种的各项判别指数在不同林型内随尺度的变化趋势不完全相同，如白桦的方差/均值比率（C_0）在白桦林和落叶松+白桦混交林中均随尺度的增加而呈显著的负二次多项式变化趋势（R^2=0.47 和 0.58），其方差/均值比率峰值分别为 1205.42m^2 和 547.50m^2，而白桦的方差/均值比率（C_0）在落叶松林中则随尺度变化而呈显著的线性增加趋势（R^2=0.82）。在 45 组数据中，18 组为线性递增趋势（40%），10 组为正向幂函数趋势（22%），9 组为负二次多项式趋势（20%），而其余情况（如指数函数、对数函数）所占比例则相对较小（18%）。在所有组合中，仅平均拥挤度（m^*）在不同林型中均具有相似的尺度效应，即线性递减（R^2>0.95），而其余各项判别指数的尺度效应在不同林型、不同树种间均存在显著差异。

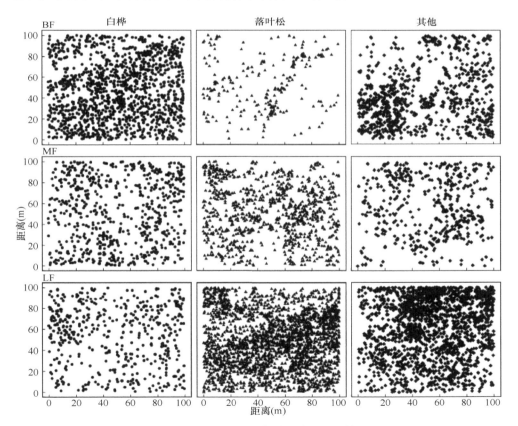

图 6-20　各林型不同树种的空间分布格局

BF. 白桦林；LF. 落叶松林；MF. 落叶松+白桦混交林，横纵坐标表示样地中林木之间的距离

表 6-6 各树种在不同林型和空间尺度下的分布格局及其尺度效应

树种	林型	判定指数	取样尺度（m）									拟合方程	R^2
			5×5	5×10	10×10	10×20	20×20	20×30	30×30	30×40	50×50		
白桦	BF	C_0	4.39	5.16	7.98	9.77	9.06	12.03	21.79	7.03	4.17	$y=-6\times10^{-6}x^2+0.01x+5.58$	0.47
		K	1.16	1.89	2.25	3.58	7.79	8.58	7.09	33.38	123.99	$y=2.14e^{0.0018x}$	0.91
		GI	0.01	0.02	0.07	0.18	0.34	0.79	2.60	1.21	1.06	$y=0.0002x^{1.22}$	0.91
		m^*	7.32	12.01	22.68	40.17	70.86	105.70	168.19	207.23	395.67	$y=0.16x+9.33$	0.99
		I	1.86	1.53	1.44	1.27	1.12	1.11	1.13	1.02	1.01	$y=-2.63x^{-0.13}$	0.95
		DT	C	C	C	C	C	C	C	C	C		
	MF	C_0	1.41	1.59	2.04	2.46	2.58	1.76	1.89	2.51	0.83	$y=-6\times10^{-7}x^2+0.001x+1.76$	0.58
		K	4.16	5.76	6.56	9.37	17.26	53.15	66.97	51.71	-999.51	$y=-0.0003x^2+0.4x-37.69$	0.99
		GI	0.00	0.00	0.01	0.03	0.07	0.05	0.11	0.30	-0.06	$y=-1\times10^{-7}x^2+0.0004x-0.03$	0.72
		m^*	2.12	4.01	7.87	15.12	28.90	41.16	60.45	79.34	170.58	$y=0.07x+0.72$	0.99
		I	1.24	1.17	1.15	3.68	1.06	1.02	1.01	1.02	1.00	$y=-1.4e^{-0.0002x}$	0.12
		DT	C	C	C	C	C	C	C	C	U		
	LF	C_0	1.66	1.83	2.67	3.50	5.33	5.75	7.88	15.36	15.05	$y=0.006x+2.57$	0.82
		K	2.26	3.58	3.57	4.78	5.52	7.66	7.82	5.00	10.62	$y=1.02x^{0.28}$	0.84
		GI	0.00	0.00	0.02	0.05	0.18	0.34	0.86	2.87	4.68	$y=0.002x-0.33$	0.93
		m^*	2.15	3.82	7.64	14.44	28.21	41.15	60.66	86.16	163.35	$y=0.07x+1.65$	0.99
		I	1.44	1.28	1.28	1.21	1.17	1.12	1.11	1.17	1.07	$y=1.65x^{-0.06}$	0.89
		DT	C	C	C	C	C	C	C	C	C		
落叶松	BF	C_0	2.45	2.82	3.78	5.71	8.04	7.79	7.61	12.42	1.43	$y=-5\times10^{-6}x^2+0.01x+2.48$	0.88
		K	0.43	0.69	0.90	1.06	1.42	2.24	3.70	2.22	143.77	$y=0.55e^{0.002x}$	0.93
		GI	0.00	0.01	0.03	0.10	0.29	0.49	0.83	2.28	0.14	$y=0.0001x^{1.2}$	0.76
		m^*	2.08	3.07	5.28	9.71	17.04	21.99	31.05	36.75	62.93	$y=0.02x+4.72$	0.98
		I	3.33	2.45	2.10	1.93	1.68	1.42	1.24	0.93	1.01	$y=7.5x^{-0.27}$	0.95
		DT	C	C	C	C	C	C	C	C	R		
	MF	C_0	1.67	2.27	2.97	4.27	6.50	7.46	9.47	9.97	0.19	$y=-6\times10^{-6}x^2+0.01x+1.56$	0.99
		K	3.49	3.68	4.74	5.72	6.80	8.74	10.27	12.90	-288.33	$y=-8\times10^{-5}x^2+0.1x-7.24$	0.99
		GI	0.00	0.01	0.02	0.07	0.23	0.46	1.06	1.79	-0.27	$y=-1\times10^{-6}x^2+0.002x-0.28$	0.82
		m^*	3.01	5.95	11.32	21.97	42.90	62.99	95.47	124.77	232.94	$y=0.09x+4.45$	0.99
		I	1.29	1.27	1.21	1.17	1.14	1.11	1.09	1.06	1.00	$y=-0.06\ln x+1.5$	0.99
		DT	C	C	C	C	C	C	C	C	U		

8.1.3 抚育对林分结构的影响

本研究选取基于交角的林木竞争指数（UCI）、全混交度（M_c）、大小比（U）、角尺度（W）、开敞度（K）共计 5 个林分空间结构指标，涵盖林分树种竞争、树种隔离程度、树种空间水平分布等方面，指标信息见表 8-6。从表 8-6 可以看出，随着抚育强度（T）的增大，林分空间结构指标均有不同的变化，其中林分全混交度（M_c）有明显的增加，对照样地（CK）的全混交度为 0.0401，轻度、中度抚育样地较对照样地全混交度约增加 0.04，重度抚育样地较对照样地全混交度增加 0.1447，样地处于弱度混交状态；基于交角的林木竞争指数（UCI）、大小比（U）随着林分抚育强度的增大并无明显变化，即林分内树木的竞争状态未得到较大改善；随着抚育强度的增大，仅中度抚育样地的角尺度（W）与对照样地相比有明显的减小，由 0.0274 减小到 0.0175，而轻度、重度两种抚育强度样地较对照样地并无明显变化；抚育强度会减小开敞度（K），但减小幅度并不大，林木生长空间基本处于不足状态。

表 8-6　不同抚育强度样地林分空间结构指标基本信息

抚育强度 （T）	基于交角的林木竞争指数 （UCI）	全混交度 （M_c）	大小比 （U）	角尺度 （W）	开敞度 （K）
CK	0.2786	0.0401	0.4745	0.0274	0.2372
轻度	0.2929	0.0842	0.4840	0.0308	0.2290
中度	0.2887	0.0803	0.4701	0.0175	0.2143
重度	0.2951	0.1848	0.4876	0.0277	0.2151

8.1.4 抚育对林分多样性的影响

本研究共选取了树种组成指数（Z）、株数密度、Shannon-Wiener 指数（H）、Simpson 指数（S）、Pielou 丰富度（R）5 个林分非空间结构指标，指标基本信息见表 8-7。从表 8-7 可以看出，随着抚育强度（T）的增大，树种组成指数（Z）持续增加，其中重度抚育样地与对照样地相比，树种组成指数值由 0.0471 增加到 0.2159，林分树种混交程度增加；株数密度随着抚育强度的增大而呈现增加趋势，其中对照样地与轻度、中度、重度抚育样地的株数密度有明显区别，轻度、中度、重度抚育样地间的株数密度变幅并不大；Shannon-Wiener 指数（H）以及 Simpson 指数（S）两个指标值均随着抚育强度的增大而呈现增加趋势，其中重度抚育样地的 Shannon-Wiener 指数（H）以及 Simpson 指数（S）均最大，分别为 0.3607、0.5896，样地内树种多样性良好；Pielou 丰富度（R）随着抚育强度的增大并无明显变化，树种多度变化不大。

表 8-7   不同抚育强度样地林分非空间结构指标基本信息

抚育强度 （T）	树种组成指数 （Z）	株数密度 （株/hm²）	Shannon-Wiener 指数 （H）	Simpson 指数 （S）	Pielou 丰富度 （R）
CK	0.0471	1197	0.0976	0.1562	1.33
轻度	0.0633	1578	0.1834	0.3064	2.25
中度	0.0849	1488	0.1949	0.3298	2
重度	0.2159	1698	0.3607	0.5896	2.5

8.1.5   抚育对土壤理化性质的影响

本研究共选取土壤有机质含量（SOM）、全氮含量（TN）、全磷含量（TPH）、全钾含量（TPO）4 个土壤指标，指标基本信息见表 8-8。从表 8-8 可以看出，与对照样地相比，中度抚育样地土壤有机质含量显著降低，而轻度、重度抚育样地的土壤有机质含量变化幅度不大；抚育强度会减小土壤全氮含量，其中中度抚育样地土壤全氮含量最小，为 2.68g/kg；土壤全磷含量及全钾含量随着抚育强度的增大而变化幅度较小。

表 8-8   不同抚育强度样地土壤指标基本信息

抚育强度 （T）	有机质含量 （SOM）（g/kg）	土壤全氮含量 （TN）（g/kg）	土壤全磷含量 （TPH）（g/kg）	土壤全钾含量 （TPO）（g/kg）
CK	65.15	7.09	2.12	10.61
轻度	65.47	5.57	2.08	11.74
中度	41.12	2.68	2.15	10.36
重度	67.73	5.08	2.18	10.99

8.1.6   综合评价分析

本研究运用主成分分析法（陈佩，2014）对不同抚育强度样地进行综合评价，主要步骤如下。

（1）数据标准化处理：各列数据减去其均值，再除以其标准差。

（2）计算标准化数据的协方差矩阵。

（3）求出 Σ 的特征值及相应的特征向量，以及相应的正交化单位特征向量。

（4）选择主成分。

在已确定的全部 p 个主成分中合理选择 m 个来实现最终的评价分析，一般用方差贡献率解释主成分所反映的信息量的大小，累计贡献率达到足够大（一般在 85%以上）为原则。

（5）计算 n 个样品在 m 个主成分上的得分。

$$F_i = a_{1i}X_1 + a_{2i}X_2 + \cdots + a_{Pi}X_P, i = 1, 2, \cdots, m \qquad (8\text{-}11)$$

标准化后变量的协方差矩阵与原变量的相关系数矩阵相同，故可以从原始变量数据的相关系数矩阵，也可以从标准化数据的协方差矩阵出发进行主成分分析。

利用 R3.6.0 中 psych 包进行主成分分析，得到方差分析结果见表 8-9，由表 8-9 可知，前 6 个主成分的累计贡献率达到了 90%，大于 85%，因此选取前 6 个主成分能够充分表达不同样地的抚育效果。

表 8-9 各主成分基本信息

主成分	特征值	贡献率（%）	累计贡献率（%）
1	6.17	36	36
2	2.91	17	53
3	2.53	15	68
4	1.5	9	77
5	1.15	7	84
6	0.95	6	90

主成分分析所得各主成分因子荷载见表 8-10，如表 8-10 所示，第 1 主成分在全混交度、树种组成指数、Shannon-Wiener 指数、Simpson 指数、土壤全磷含量等指标上有较大荷载；第 2 主成分在更新株数密度、更新 Simpson 指数、更新 Shannon-Wiener 指数等指标上有较大荷载；第 3 主成分在开敞度、更新株数密度、土壤有机质含量、土壤全氮含量、土壤全磷含量、全混交度、土壤全钾含量等指标上有较大荷载；第 4 主成分在角尺度、更新 Simpson 指数、更新 Shannon-Wiener 指数、土壤有机质含量、土壤全氮含量、土壤全钾含量等指标上有较大荷载；第 5 主成分在全混交度、大小比、角尺度、开敞度、土壤全磷含量、土壤全钾含量等指标上有较大荷载；第 6 主成分在角尺度、开敞度、株数密度、更新株数密度等指标上有较大荷载。

各样地得分见表 8-11，得分最高的为轻度抚育的 4 号样地，从整体上看，重度抚育样地得分要高于其他抚育强度样地，轻度、中度抚育样地得分要高于对照样地，两者之间差别不大。

表 8-10　各主成分因子荷载

项目	指标	主成分					
		1	2	3	4	5	6
林分空间结构	基于交角的林木竞争指数（UCI）	0.65	−0.37	−0.58	−0.01	−0.07	0.05
	全混交度（M_c）	0.96	0.06	0.15	0.03	0.10	−0.05
	大小比（U）	0.6	−0.38	−0.35	0.15	0.24	0.05
	角尺度（W）	0.27	0.24	−0.01	0.75	0.21	0.37
	开敞度（K）	0.26	0.12	0.81	0	0.33	0.12
林分非空间结构	树种组成指数（Z）	0.96	0.01	0.1	0.01	−0.04	−0.09
	株数密度	0.25	−0.11	−0.87	0.05	0.09	0.22
	Shannon-Wiener 指数（H_1）	0.97	0.12	0.08	0.06	0.07	−0.05
	Simpson 指数（S_1）	0.97	0.14	0.06	0.04	0.08	−0.02
林下更新	更新株数密度	0.38	0.56	0.3	−0.01	0	0.47
	更新 Simpson 指数（S_2）	0.15	0.86	−0.17	0.19	−0.04	−0.39
	更新 Shannon-Wiener 指数（H_2）	0.17	0.87	−0.23	0.20	0	−0.32
土壤特征	有机质含量（SOM）	0.36	−0.42	0.25	0.62	−0.36	0.06
	全氮含量（TN）	0.41	−0.4	0.49	0.30	−0.45	−0.21
	全磷含量（TPH）	0.67	−0.22	0.33	−0.49	0.15	−0.05
	全钾含量（TPO）	0.12	−0.38	0.13	0.30	0.74	−0.26

表 8-11　各样地得分

样地号	抚育强度	综合得分	样地号	抚育强度	综合得分
1	CK	0.28	10	中度	0.09
2	CK	−0.52	11	中度	−0.07
3	CK	−0.76	12	中度	−0.12
4	轻度	0.89	13	重度	−0.21
5	轻度	−0.66	14	重度	0.73
6	轻度	−0.24	15	重度	0.59
7	轻度	−0.03	16	重度	0.24
8	中度	−0.08	17	重度	0.01
9	中度	−0.33	18	重度	0.16

　　抚育采伐能够改善林分空间结构。通过对不同抚育强度样地的林分空间结构指标进行比较分析可知，大小比、基于交角的林木竞争指数等能够表征林分竞争状态的指标随着抚育强度的增加而变化较小，甚至呈现增加的趋势（重度抚育样地），究其原因可能是高强度的抚育采伐使得林分生长空间迅速增大，林下原有更新尤其是喜光树种随着时间不断增加，与相邻树种产生竞争，这也使得林分开敞度下降；也可能是 2012 年还未有成型的结构化森林经营策略，使得对于林分

空间结构并未有明确的措施。

抚育采伐能够优化林分非空间结构。这里主要指的是林分的树种组成指数、株数密度及林分树种多样性等。重度抚育样地的树种多样性均高于其他抚育强度样地及对照样地。

抚育采伐对林下更新有正向作用。轻度、中度、重度抚育样地相比于对照样地林下更新株数均有极大的增加,说明抚育后林分密度减小,树木生存空间加大,上层木的空间释放后,更多的光照以及养分能够被更新树种吸收,使得更新的幼苗以及幼树数量增加。更新多样性也有所增加,但并不明显,抚育间伐虽然能促进幼苗、幼树更新生长,但间伐效应也可能会随着间伐时间的延长而逐步减小,可能由于各树种更新苗木处于不同的生长阶段,加上环境异质性的存在,生长特征没有随抚育强度的改变而表现出一致的规律,其中中度抚育样地要高于其他抚育强度样地。

抚育采伐对土壤有一定的影响。中度抚育强度时,土壤中有机质含量及全氮含量有所降低,原因可能为抚育采伐大幅度增加了林分单木生长空间,林分光环境有所改善,喜光树种大幅度增加,吸收样地内土壤有机质及氮。而随着土壤有机质含量降低,土壤中磷的吸附和固定增加,磷的有效性提高。土壤全钾含量的降低以及轻度抚育样地的土壤全钾含量与中度、重度样地不同,这可能是由于样地内的水含量有所不同,土壤水分状况是影响钾固定和释放的重要因素。

抚育采伐对林分生长具有正向作用。无论是 2012～2015 年的胸径增长量及蓄积增长量,还是 2012～2019 年的胸径增长量及蓄积增长量,中度抚育样地均要高于其他样地。而通过对比样地主要树种的胸径增长量及蓄积增长量可知,中度抚育强度的落叶松和白桦胸径增长量及蓄积增长量均要高于对照样地,这可能是由于中度抚育使得林分光环境大幅度改善,落叶松和白桦均属喜光树种,其幼苗迅速生长达到可检尺径阶,而重度抚育使林下灌草快速恢复进而抑制了树木的生长。

主成分分析结果表明,轻度抚育强度 4 号样地综合得分最高,其他样地的得分则较低。从整体上看重度抚育样地得分要高于其他样地,这是由于重度抚育使林分非空间结构及林下更新有较大提升,林分树种混交度及多样性增加,而第 1 主成分及第 2 主成分中树种多样性及林下更新多样性指标较多且贡献率较高(36%、17%),共占据 53%。但从对林分空间结构、非空间结构及林下更新等方面的研究可知,中度抚育样地在各方面均要高于其他抚育强度样地,因此,本研究考虑到林分整体的优劣,对不同抚育强度进行比较后,认为中度抚育(28.96%)对样地具有更好的促进作用。

8.2 抚育强度与林分结构和功能的耦合机制

近些年针对抚育采伐对林分结构和蓄积影响的研究很多，高明等（2013）研究了抚育采伐和修枝对落叶松用材林生长和冠层的影响，周晓光（2014）研究了抚育间伐强度对马尾松公益林群落结构和生态服务功能的影响。以上研究主要通过方差分析、回归分析等方法进行，但都无法描述自变量对因变量的直接影响、间接影响和总影响，以及多个自变量与因变量之间的交互作用。结构方程模型（structural equation model，SEM）整合了路径分析、多元回归分析和因子分析，可同时分析多个因果关系，目前已被广泛应用到心理学、医学、经济学及卫生统计等方面（曹谦，2016；朱浩中，2016；卞玉梅，2017；洪宇，2019），但在林业领域鲜有应用（王妍，2014；白江迪等，2019）。

本研究基于结构方程模型，以大兴安岭天然落叶松林为研究对象，在前人研究及理论的基础上选取林分结构指标，分别构建了以林分结构（ξ_1）、林分非空间结构（ξ_2）与林分空间结构（ξ_3）为潜变量的结构方程模型，来分析抚育采伐与林分结构及林分蓄积量之间的因果关系，以期为该地区森林的可持续经营提供借鉴。在全面踏查的基础上，2018 年 7～9 月在大兴安岭新林林场及翠岗林场对 2012 年进行抚育的天然落叶松林共计 83 块样地进行调查，样地抚育方式为下层抚育，样地大小为 20m×30m，测量并记录样地的样地号、大小、平均海拔、树种、平均胸径（DBH≥5cm）、平均树高、相对坐标位置、抚育强度以及更新株数密度等。样地基本信息见表 8-12。

表 8-12 抚育样地基本信息

抚育强度	样地数（块）	样地大小（hm²）	平均海拔（m）	平均胸径（cm）	平均树高（m）	更新株数密度（株/hm²）
CK	5	0.06	484.8±61.8	11.58±0.41	10.82±0.28	927±651
轻度	11	0.06	528.3±66.7	12.28±1.62	10.71±0.81	1056±640
中度	14	0.06	522.7±67.3	12.10±1.48	11.03±0.81	1131±1181
重度	53	0.06	550.2±46.9	12.64±1.46	11.28±1.00	665±727

8.2.1 拟合指标选取

本研究选取平均胸径（DBH）、树种组成指数（Z）、Pielou 丰富度指数（R）、Simpson 指数（S）、全混交度（M_c）、角尺度（W）6 个指标，各指标信息详见 8.1.1。样本数量为 83 个，满足 10 倍以上样本量的要求，数据偏度及峰度绝对值分别小于 2 和 4（表 8-13，表 8-14）。

表 8-13　抚育样地林分结构指标信息

抚育强度	DBH（cm）	Z	R	S	M_c	W
CK	11.58	0.2273	2.8	0.4957	0.1642	0.0526
轻度	12.28	0.2333	3.0	0.4978	0.1990	0.0815
中度	12.10	0.2510	2.9	0.4699	0.2319	0.0754
重度	12.64	0.2436	2.9	0.5162	0.1960	0.0718

表 8-14　林分结构参数指标统计量

统计量	DBH（cm）	Z	R	S	M_c	W
偏度	0.2551	−0.5811	1.0691	−0.3405	−0.0353	0.2531
峰度	3.6797	3.1910	3.9830	2.9719	2.7986	2.4616

从表 8-13 可以看出，轻度、中度、重度抚育样地与对照样地（CK）相比，平均胸径（DBH）均有所增加，其中重度抚育样地的平均胸径最高（12.64cm）；轻度、中度、重度抚育样地的树种组成指数（Z）、Pielou 丰富度指数（R）及 Simpson 指数（S）等指标与对照样地相比并无明显变化，其中中度抚育样地的树种组成指数（0.2510）略高于其他组；轻度、中度、重度抚育样地与对照样地相比，全混交度（M_c）均有所增加，其中中度抚育样地的全混交度（0.2319）略高于其他组；轻度、中度、重度抚育样地的角尺度（W）均高于对照样地，但轻度、中度、重度抚育样地的角尺度随着抚育强度的增加而降低。以上结果均基于指标均值进行分析，且结果不具同质性，不能很好地描述抚育强度对林分结构和蓄积的影响，因此本研究构建结构方程模型。数据的偏度和峰度绝对值分别小于 2 和 4（表 8-14），表明数据处于中度非正态，可用于数据建模。

8.2.2　结构方程模型

与传统的多元回归分析、方差分析、路径分析等不同，结构方程模型（SEM）并不局限于观察变量因果关系的分析，SEM 模型是在路径分析模型的基础上发展起来的通过对变量协方差进行关系建模的多元统计方法（方绮雯等，2018）。一般来说，SEM 模型可分为两部分：测量模型和结构模型，其中模型构建可分为三步（邓绍云和邱清华，2015）。①理论分析及模型设定：模型构建须在已有的研究结果或理论基础上提出理论模型，包括指标的选取、变量之间关系的假设等。②模型识别及指标筛选：一般模型分析所用的样本数量为指标数量的 10 倍以上即认为模型可识别，然后在模型识别的基础上进行指标筛选。③模型分析及评价：数据建模时，一般采用极大似然估计（maximum likelihood estimate，MLE），有研究指出，数据的偏态及峰态（绝对值）分别小于 2 和 4 时（中度非正态），采用极大似然估计是可以接受的（Finney and Distefano，2013）。模型构建完成后需进行模型评价，评价指标有比较拟合指数（comparative fit index，CFI）、卡方自由度比（χ^2/df）、标准化残差均方根（standardized root mean square residual，SRMR）等。

本研究选取平均胸径（DBH）、树种组成指数（Z）、Pielou 丰富度指数（R）、Simpson 指数（S）、全混交度（M_c）、角尺度（W）6 个指标，样本数量为 83 个，满足 10 倍以上样本量的要求，数据偏态及峰态绝对值均分别小于 2 和 4（表 8-14），因此采用极大似然估计对模型进行估计具有可靠性，建模前已对数据进行标准化处理。数据处理及模型构建通过软件 R3.4.3、MPLUS7.4 完成。

8.2.2.1 潜变量为林分结构的结构方程模型

抚育采伐对林分结构和林分蓄积均有一定的影响，林分结构同样也会对林分蓄积产生影响。在此基础上，本研究用平均胸径（DBH）、树种组成指数（Z）、Pielou 丰富度指数（R）、Simpson 指数（S）、全混交度（M_c）、角尺度（W）等林分结构指标表征潜变量林分结构（ξ_1），加入抚育强度（T）构建以林分单位蓄积（V）为响应变量的结构方程模型（模型 1），模型评价指标 CFI 为 0.865，大于可接受值 0.7；SRMR 为 0.078，小于临界值 0.08；卡方自由度比为 1.95，其值小于 5，因此模型拟合较好（王妍，2014），模型拟合结果见图 8-1 及表 8-15。模型运行前数据已进行标准化。

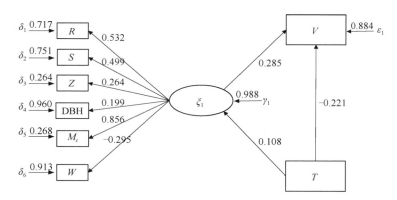

图 8-1 模型 1：以林分结构为潜变量

DBH 代表平均胸径，Z 代表树种组成指数，R 代表 Pielou 丰富度指数，S 代表 Simpson 指数，M_c 代表全混交度，W 代表角尺度，V 代表林分单位蓄积，δ 与 ε 为测量误差，γ 为残差值，模型基于已有研究及理论建立，模型拟合结果较好，因此并未删除不具有统计学意义的路径（$P>0.05$）

表 8-15　模型 1 参数显著性估计

潜变量	指标	估计值	误差	标准误	P 值
	R	0.532	0.091	5.861	***
	S	0.499	0.094	5.282	***
	Z	0.264	0.048	18.008	***
ξ_1	DBH	0.199	0.115	1.729	0.084
	M_c	0.856	0.048	17.888	***
	W	−0.295	0.111	−2.667	***

***$P<0.001$

从图 8-1 及表 8-15 中可以看出，平均胸径（DBH）、树种组成指数（Z）、Pielou 丰富度指数（R）、Simpson 指数（S）、全混交度（M_c）、角尺度（W）等指标可以很好地表征林分结构（ξ_1），参数估计显著性基本达到显著水平。在模型 1 中，抚育强度（T）与林分结构（ξ_1）的路径系数为 0.108，表明抚育强度与林分结构呈正相关关系，即随着抚育强度的增大，林分结构趋于优化；抚育强度（T）与林分单位蓄积（V）的路径系数为−0.221，表明抚育强度与林分单位蓄积呈负相关关系；林分结构（ξ_1）与林分单位蓄积（V）的路径系数为 0.285，表明林分结构与林分单位蓄积呈正相关关系。

8.2.2.2　潜变量为林分非空间结构及空间结构的结构方程模型

林分结构可分为林分非空间结构和空间结构，为了更好地探究抚育采伐和林分结构与林分蓄积之间的关系，本研究用平均胸径（DBH）、树种组成指数（Z）、Pielou 丰富度指数（R）、Simpson 指数（S）等指标表征潜变量林分非空间结构（ξ_2），用全混交度（M_c）、角尺度（W）等指标表征潜变量林分空间结构（ξ_3），加入抚育强度（T）构建以林分单位蓄积（V）为响应变量的结构方程模型（模型 2），模型评价指标 CFI 为 0.846，大于可接受值 0.7；SRMR 为 0.076，小于临界值 0.08；卡方自由度比为 2.29，其值小于 5，因此模型拟合较好，模型拟合结果见图 8-2 及表 8-16。模型运行前数据已进行标准化。

从图 8-2 及表 8-16 可以看出，平均胸径（DBH）、树种组成指数（Z）、Pielou 丰富度指数（R）、Simpson 指数（S）等指标可以良好地表征林分非空间结构（ξ_2），全混交度（M_c）、角尺度（W）等指标也可以很好地表征林分空间结构（ξ_3），参数估计显著性基本达到显著水平。在模型 2 中，抚育强度（T）与林分非空间结构（ξ_2）的路径系数为−0.070，表明抚育强度与林分非空间结构呈负相关关系；抚育强度（T）与林分空间结构（ξ_3）的路径系数为 0.145，表明抚育

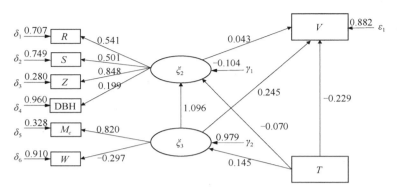

图 8-2 模型 2：以林分非空间结构及空间结构为潜变量

DBH 代表平均胸径，Z 代表树种组成指数，R 代表 Pielou 丰富度指数，S 代表 Simpson 指数，Mc 代表全混交度，W 代表角尺度，V 代表林分单位蓄积，δ 与 ε 为测量误差，γ 为残差值，模型基于已有研究及理论建立，模型拟合结果较好，因此并未删除不具有统计学意义的路径（P>0.05）

表 8-16 模型 2 参数显著性估计

潜变量	指标	估计值	标准误	标准差	P 值
ξ_2	R	0.541	0.091	5.923	***
	S	0.501	0.095	5.280	***
	Z	0.848	0.056	15.252	***
	DBH	0.199	0.116	1.716	0.086
ξ_3	M_c	0.820	0.133	6.169	***
	W	−0.297	0.111	−2.680	***

***P<0.001

强度与林分空间结构呈正相关关系，且抚育强度对林分空间结构的影响要大于对林分非空间结构的影响（0.145>−0.070）；抚育强度（T）与林分单位蓄积（V）的路径系数为−0.229，表明抚育强度与林分单位蓄积呈负相关关系，与模型 1 结果相同；林分非空间结构（ξ_2）和林分空间结构（ξ_3）与林分单位蓄积（V）路径系数分别为 0.043 和 0.245，均呈正相关关系，且林分空间结构对林分单位蓄积的影响要大于林分非空间结构对林分单位蓄积的影响（0.245>0.043）。林分空间结构（ξ_3）与林分非空间结构（ξ_2）的路径系数为 1.096，表明林分空间结构与非空间结构呈正相关关系。

抚育采伐能够优化林分结构。在模型 1 中，抚育强度与林分结构呈正相关关系（0.108），即随着抚育强度的增大，林分结构趋于优化。在模型 2 中，抚育强度与林分非空间结构为负相关关系（−0.070），可能是由于抚育采伐对于林分物种多样性的影响并不大，有研究认为物种的数量随上层部分间伐强度的增大而没有出现显著的变化，还有一些研究认为抚育采伐会产生人为干扰，使不同物种之间竞争越发激烈，导致林分更新多样性降低。抚育强度与林分空间结构为正相关关系（0.145），这与许多研究结果一致（陈科屹等，2017；朱欣然等，2020），抚育采伐会促进林分空间结构的优化，降低林分空间结构异质性，提高林分树种混交度的同时，降低林分角尺度，使得林木个体空间分布趋向随机分布，林木个体获得更大的生存及营养空间。抚育强度对林分空间结构的影响要大于对林分非空间结构的影响（0.145>-0.070），这是由于林分空间结构指标均与林分内林木个体的空间分布有关，抚育采伐会减少林分内林木数量，改变林分内林木个体空间分布，因此会更直接地对林分空间结构产生影响。

抚育采伐会降低林分蓄积量。在模型 1 及模型 2 中，抚育强度与林分单位蓄积均呈显著的负相关关系（-0.221、-0.229），尽管抚育采伐优化了林分结构，但同时也使得林木株树急剧减少，林分恢复生长的时间又较长，使林分单位蓄积降低。有研究发现，虽然间伐可以显著促进林木单株材积的增长，但间伐强度不能有效增加林分活立木材积和林分出材量（徐金良等，2014）。还有研究认为抚育采伐是否能够提高林分生产力还有待研究（Parker *et al.*，2002）。另外，抚育采伐对林分蓄积量的影响还可能受到立地条件、树种类别、间伐方式等条件的制约，需要进行后续的研究。林分结构的优化对林分蓄积量具有正向作用。采伐后林木株树减少，林分密度得到调整，林木个体生存空间扩大，林木间竞争减少，使林木能更好地获取资源，这同样也说明林分空间结构对林分非空间结构是具有正向作用的。有研究发现进行过抚育采伐的样地林分平均胸径大于对照样地，且平均胸径随着抚育强度的增大而增加，林分平均树高也有所增加（徐金良等，2014）。

本研究并未删除不具有统计学意义的路径（$P>0.05$），模型构建应是理论驱动与数据驱动的结合，应在前人研究及理论基础上建立，本模型虽然并不是统计学意义上的最优模型，但相对最优模型，本模型具有较多的实际意义。结构方程模型在林业领域的研究与应用较少，如何更加科学合理地将结构方程模型应用到林业领域内，还需进一步地探讨及验证。抚育采伐能够优化林分结构，林分结构对林分单位蓄积具有正向作用，但抚育采伐对林分单位蓄积具有负向作用，除林分林木数量急剧减少的原因外，是否还有其他方面的影响，如伐后冠层结构、径级结构、年龄结构是否合理，以及间伐方式是否合适等，还有待研究。

本研究构建了抚育采伐和林分结构与林分蓄积的结构方程模型，模型拟合结果可接受。模型结果表明抚育采伐对林分结构具有正向作用（0.108）且对林分空间结构的影响要大于对非空间结构的影响（0.145>-0.070）。抚育采伐对林分蓄积具有负向作用（模型 1：-0.221，模型 2：-0.229），林分结构对林分蓄积具有正向作用（0.285），林分空间结构对林分非空间结构具有正向作用（1.096）。抚育采伐对林分非空间结构具有负向作用（-0.070），因此，建议在进行森林抚育经营、优化林分空间结构的同时，重视对林分非空间结构的优化及调整。

9 次生林多目标经营决策案例研究

森林生态系统是陆地生态系统的主体，而野生动物资源是森林生态系统中重要的一部分。森林生态系统与野生动物资源之间有着密切的联系，森林为野生动物提供栖息地、水源等（王瑞，2016），而对濒危野生动物的保护可以有效控制有害物种和外来物种，对保持自然生态平衡有一定的作用。野生动物资源可以显示森林生态系统状况，从生态角度分析，随着濒危和珍稀物种的减少、生物多样性的下降，森林生态系统的其他功能也会受到影响（徐燕等，2005）；从经济角度分析，根据边际效用价值理论，濒危和珍稀物种的"价值"会随着它们稀缺性的增加而增大（赵海凤和徐明，2016）。野生动物资源与森林生态系统之间相互依赖、相互制约，同时二者之间进行着物质循环和能量转化，达到一种自然的生态平衡。因此对野生动物的生境进行评价和分析，对于森林可持续经营、保护生物多样性具有一定意义。

大兴安岭地区拥有丰富的森林资源和野生动物资源，该地区是以针叶林和针阔混交林为主的原始林区。其中鸟类 241 种，兽类 52 种，紫貂作为大兴安岭地区最具代表性的动物之一，其在大兴安岭地区分布较为广泛，数量较多（张明海等，1998）。紫貂（*Martes zibellina*）是一种貂属动物，在我国东北地区和新疆地区较多，属于中国濒危及受威胁物种和国家一级重点保护野生动物。其主要分布在气候寒冷的亚寒带针叶林与针阔混交林。紫貂属于大兴安岭地区的毛皮兽及具有经济价值的兽类，与"人参、鹿茸"并称东北三宝。然而大兴安岭地区气候严寒并且生境较为恶劣，属于脆弱生态带，其一旦遭到破坏就很难修复，所以对濒危和珍稀物种的生态环境进行保护十分重要（马逸清，1989）。

野生动物生境适宜性评价的方法有模糊综合评价法、数学建模法、最大熵模型法和生境适宜性指数（habitat suitability index，HSI）模型法等，其中生境适宜性指数模型使用较为广泛。生境适宜性指数模型最初由美国鱼类及野生动植物管理局开发和应用（Thomasma，1981；Thomasma *et al.*，1991），逐渐成为野生动物生境选择和评价的重要研究方法之一。我国学者张淑萍等（2003）以天津地区水鸟栖息地为研究对象，用模糊综合评价法对水鸟栖息地进行了评估。贾非等（2005）运用数学建模的方法对白马鸡繁殖早期栖息地选择和空间分布进行了预测。孟庆林等（2019）以吉林省东部地区为研究对象，选取水源状况、遮蔽物、干扰因子及食物来源作为评价因子构建 HSI 模型，进行了生境质量动态评价。外国学者 Ozkan 等（2019）使用最大熵（MaxEnt）模型对生活在两种不同生境类型中的狍进行了栖息地适宜性评价。Crawford 和 Larry（1989）运用地理信息系统（geographic information system，GIS）对美国东南部皮德蒙特高原的白尾鹿构建了 HSI 模型。Chowdhury 等（2019）针对潮间带牡蛎，选取水温、盐度、溶解氧、颗粒无机物、pH、叶绿素 a 和水流速度 7 个栖息地因素作为 HSI 模型的变量，构建 HSI 模型作为评估牡蛎恢复和养殖场所质量的定量分析工具。

目前，我国学者研究的内容主要集中在对大兴安岭地区紫貂生境的特征分析及其选择上，而关于紫貂的生境适宜性评价较少。本节从地理环境因素、生物环境因素和人类干扰因素三个方面选取评价因子，构建 HSI 模型对大兴安岭盘古林场的紫貂生境适宜性进行评价。随着保护野生动物生境重要性的增大，将野生动物生境融入传统的林分优化模型中，能更好地实现森林多目标和多功能经营。

9.1 生境适宜性评价

9.1.1 评价指标选择

收集 2012 年大兴安岭盘古林场森林资源二类调查数据，共有小班 6421 个，其中有林地为 6132 个。小班调查因子包括海拔、坡位、坡度、坡向、林分年龄、优势树种、郁闭度、平均胸径和平均树高等。主要林分类型有天然落叶松林、天然白桦林、针叶混交林和针阔混交林。

在生境适宜性评价中主要选择影响物种潜在分布的生态因子作为评价因子，在对野生动物进行评价时主要考虑地理环境因素（温度、光照、水源、海拔、坡度、坡向等）、生物环境因素（植被类型等）和人类干扰因素（居民、交通、采伐等；钟明等，2016）。本节选取了海拔、坡度、坡位、坡向及与水源的距离 5 个地理环境因素，植被类型、林分年龄、郁闭度、平均胸径和平均树高 5 个生物环境因素，人类干扰因素中的与道路的距离等共 11 个因子，对大兴安岭盘古林场紫貂的生境适宜性进行评价。评价因子等级及类型划分标准如表 9-1 所示。

表 9-1　盘古林场紫貂生境适宜性评价因子等级及类型划分标准

类别	评价因子	生境选择倾向	类型等级划分		
			I	II	III
地理环境因素	海拔（m）	更偏爱海拔较高	>800	[600，800]	<600
	坡度	喜欢选择坡度较平缓的	平缓	斜陡	急险
	坡位	倾向于选择中下坡位	中下坡	上坡、谷	脊、平地
	坡向	喜欢温暖的阳坡	阳坡	半阴坡、半阳坡	阴坡
	与水源的距离（m）	距水源较近，保证充足的水源	<1000	[1000，3000]	>3000

续表

类别	评价因子	生境选择倾向	类型等级划分		
			I	II	III
生物环境因素	植被类型	回避阔叶林，偏爱针叶林	针叶林	针阔混交林	阔叶林
	郁闭度	选择中等盖度林地	[0.4, 0.8]	[0.25, 0.4)	<0.25 或>0.8
	平均胸径（cm）	倾向于胸径大于等于20cm的大树	≥20	[10, 20)	<10
	平均树高（cm）	倾向于树高大于等于20m的大树	≥20	[15, 20)	<15
	林分年龄	偏爱选择成熟的针叶林	成、过熟林	近熟林	中、幼龄林
人类干扰因素	与道路的距离（m）	距道路较远	≥1500	[600, 1500)	<600

选定的评价因子中，海拔、坡位、植被类型、林分年龄、郁闭度、平均胸径、平均树高、与水源的距离和与道路的距离可以直接按照表 9-1 赋值；其中与水源和道路的距离是通过近邻分析计算得到的；坡向、坡度需要分别按照表 9-2、表 9-3 归类和划分。

表 9-2　坡向的划分标准

坡向	划分标准	等级
阳坡	西南、南坡	I
半阴坡、半阳坡	西坡、西北、东坡、东南	II
阴坡	东北、北坡	III

表 9-3　坡度的划分标准

坡度	划分标准	等级
平缓	<15°	I
斜陡	15°～35°	II
急险	>35°	III

9.1.2　指标权重

层次分析法（AHP）是 20 世纪 70 年代提出的一种将一个复杂的问题分解成多个因素定性和定量分析的决策方法（李军锋等，2005）。其基本原理是：根据评价体系中各因子的逻辑及相互作用关系的重要性，得到各因子的权重。层次分析法在评价体系中被作为确定权重的重要方法之一。本节通过层次分析法得到各评价因子的权重（表 9-4）。

表 9-4   各因子权重表

类别	评价因子	权重
地理环境因素（0.5）	海拔	0.0937
	坡度	0.0469
	坡位	0.0655
	坡向	0.0538
	与水源的距离	0.2335
生物环境因素（0.3）	植被类型	0.0600
	郁闭度	0.1009
	平均胸径	0.0365
	平均树高	0.0325
	林分年龄	0.0810
人类干扰因素（0.2）	与道路的距离	0.1958

9.1.3   生境适宜性指数

计算生境适宜性指数（HSI）对大兴安岭盘古地区紫貂的生境适宜性进行评价，其计算公式为

$$\text{HSI} = \sum_i^n W_i f_i, \quad i = 1, 2, 3, \cdots, n \qquad (9-1)$$

式中，W_i 为评价因子的权重；f_i 为各评价因子的得分，分别将其赋值为 0、1、2；n 为评价因子个数；HSI 取值 0～2。综合各因子权重，通过计算得出各个小班的生境适宜性得分，按照是否为有林地给所有小班分类，除有林地之外的小班生境适宜性得分均为 0。

采用 ArcGIS10.5 分别对地理环境因素、生物环境因素和人类干扰因素进行空间分析；通过分析单因素适宜性特征来确定这些因素对紫貂生境选择的影响，通过多因素加权叠加最终得出盘古林场紫貂生境适宜性综合分布图。

9.1.4   适宜性特征

9.1.4.1   单因素的适宜性特征

通过上述方法得到了地理环境因素、生物环境因素和人类干扰因素适宜性等级分布图（图 9-1）。地理环境因素的适宜性特征为：根据前人对紫貂实际分布情况的观察，紫貂更偏爱选择海拔较高的地区，距水源较近的地区，温暖的阳坡，坡度平缓的中下坡。从图 9-1 得知，盘古林场的地理环境因素不适宜区域分布较

为分散，其主要特征为海拔在 800~1300m，坡向为阳坡，坡度平缓且坡位为中下坡，距水源 0~500m，总面积约为 109.11km²。地理环境因素较适宜区域面积较大，总面积约为 1071.31km²。

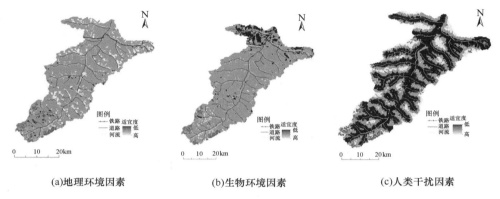

(a)地理环境因素　　　　(b)生物环境因素　　　　(c)人类干扰因素

图 9-1　单因素适宜性等级分布图

生物环境因素的适宜性特征为：前人对紫貂生境选择的研究成果表明，紫貂喜欢选择以落叶松为优势树种的成、过熟针叶林或针阔混交林；中等盖度且平均胸径和平均树高较大的林地，回避无林地，这样既有利于捕食猎物，又可以降低被捕食的风险。从图 9-1 得知，盘古林场生物环境因素适宜区域主要分布在西南部，总面积约为 27.63km²。其主要特征为：郁闭度在 0.4~0.8，优势树种为落叶松的成、过熟针叶林，平均胸径大于等于 20cm 且平均树高大于等于 20m。而不适宜区域分布较为集中，主要在北部和西北部区域，总面积约为 79.84km²。

人类干扰因素的适宜性特征为：本节的人类干扰因素主要选择的是距道路的距离，原因在于盘古林场内居民点等人类活动区域较少，干扰强度较小。从以往的研究来看，紫貂更喜欢选择距道路和居民点较远的区域，也就是远离人类活动的区域；距道路大于等于 1500m 为适宜区域，总面积约为 160.1km²，距道路 600~1500m 为较适宜区域。

9.1.4.2　多因素的适宜性特征

根据单因素适宜性分析的结果，结合相对应的权重，进行加权叠加分析，并参考相应的文献得出多因素的适宜性特征为：海拔在 800~1300m，坡向为阳坡，坡度小于 15°的中下坡，可以保证充足的阳光且避风；与水源距离在 0~500m 可以保证充足的水源；与道路距离大于等于 1500m 可远离人类活动；郁闭度在 0.4~0.8，优势树种为落叶松的成、过熟针叶林且平均胸径大于等于20cm，平均树高不小于 20m，满足紫貂对捕食生境的需求（图 9-2）。

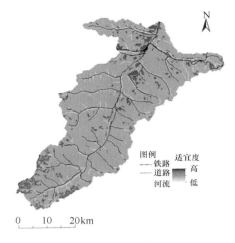

图 9-2　多因素适宜性等级分布图

9.1.4.3　紫貂生境适宜性评价

　　为了更为准确地评价大兴安岭盘古林场紫貂的生境适宜性，本研究对分区的临界值做出相对适当的调整。具体划分标准为：HSI 的取值在[1.6～2]、[1～1.6]、[0～1]分别对应的适宜性等级为适宜、较适宜和不适宜。根据上述等级划分标准计算出盘古林场紫貂生境适宜区域的面积为 28.31km^2，占林场总面积[在进行比例换算时，直接排除了林场中的非林地（如建设用地、水域、耕地、苗圃地等）面积，下同]的 2.37%；较适宜区域的面积为 867.98km^2，占林场总面积的 72.74%；不适宜区域的面积为 296.9km^2，占林场总面积的 24.88%（图 9-3）。

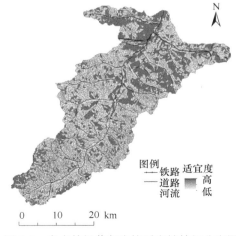

图 9-3　盘古林场紫貂生境适宜性等级分布图

长期以来对野生动物生境选择的研究都是以生境三要素食物、水和隐蔽为中心展开的（金光耀等，2016），而生境适宜性则是通过分析物种对环境中关键因子（食物、水和隐蔽等）的需求，从而构建出物种生境选择模型来进行评价的。但本节的评价因子中并没有选取食物资源丰富度等与食物有关的因子。因为包新康等（2003）对大兴安岭紫貂食物组成的分析表明，紫貂对食物的选择较为广泛，许多植物性和动物性食物都可以成为其食物来源，紫貂常见的食谱包括小型啮齿类、松子、鸟类和浆果，所以紫貂被称为广食性捕食者。本节从地理环境因素、生物环境因素和人类干扰因素三个方面选取了 11 个因子，通过计算生境适宜性指数，从而对盘古林场紫貂的生境适宜性进行评价，运用 GIS 进行分析使分析结果更准确直观。

紫貂的最优生境特征为海拔较高，阳坡，坡度平缓的中下坡，距水源较近，远离人类活动的干扰；以落叶松为优势树种、中等盖度且平均胸径和平均树高较大的成、过熟针叶林，这与张洪海和马建章（1999，2000a，2000b）对大兴安岭地区紫貂分布及紫貂对生境选择的研究结果相似。为了进一步保护紫貂的生存环境，提高紫貂的生境适宜性，适宜和较适宜区域应该成为重点保护的生境。通过对适宜区域和较适宜区域小班生境特征的分析，结合上述多因素分析和评价结果，针对较适宜的小班提出合理的经营建议。本节中当地理环境因素和人类干扰因素适宜时，较适宜的小班个数也就是可经营小班的个数共 635 个，面积为 121.63km²，占林场总面积的 12.16%。从优势树种的角度来看，紫貂的适宜生境是以兴安落叶松为优势树种的针叶林，对于阔叶林应先进行低强度上层木抚育间伐，伐除无培育前途的、低质低效的、生长落后的林木，后采取林冠下补植大兴安岭地带性顶极植被兴安落叶松的经营措施。从郁闭度的角度来看，紫貂的适宜生境郁闭度为 0.4～0.8，对于郁闭度大于 0.8 的林分进行抚育采伐，并结合《森林抚育规程》（GB/T 15781—2015）中采伐后林分郁闭度不低于 0.6 的要求，确定合理的采伐强度，使其郁闭度达到适宜生境区域标准同时符合《森林抚育规程》的要求。对于郁闭度小于 0.4 的稀疏林分，结合人工促进天然更新等经营措施，营造适宜生境。而对于林况较差、林相残破的中幼龄林分，应封山保育，尽量减少人为干扰因素的影响。

人类活动的干扰可导致野生动物生境破碎化。本节的人类干扰因素只选择了与道路的距离，而国内学者李月辉等（2007）在研究采伐对大兴安岭呼中区紫貂生境格局的影响中表示：不合理的采伐量和采伐格局会影响林分年龄、郁闭度等生物因子，从而损害紫貂的适宜生境，导致其种群数量下降。国外学者 Fuller 和 Harrison（2005）在对美洲豹研究时，证明了在采伐的影响下美洲豹对生境的利用率减小。李义明（2002）认为采伐时和采伐后均会对野生动物的生境产生一定影响。由此可见，基于野生动物生境适宜性评价的林分经营具有一定的可行性，在林分结构得到调整的同时还能更好地保护野生动物和营造更适宜野生动物栖息的环境。同时考虑数据的实际情况，本节在对紫貂的生境适宜性进行评价时没有考虑气候、种内和种间的捕食与竞争关系的影响，只选取了对紫貂生境适宜性影响较大的因子，所以得到的适宜生境面积与实际适宜生境面积会存在一定差异，可以在后续的研究中弥补该方面的不足。通过对濒危和珍稀物种生境适宜性进行评价，可以更好、更有效地了解使其致危的因素，并采取相应的保护措施，对野生动物的保护具有重要的指导价值。

9.2 多目标经营决策

森林可持续经营已经成为林业发展的核心，加强森林资源的经营管理，可使森林的生态效益、社会效益和经济效益之间更好地结合，发挥森林的综合效益，促进森林资源的长远可持续发展（张会儒和唐守正，2011）。森林结构由林分空间结构和非空间结构组成，林分空间结构作为森林结构最具代表性的可调控因子，已经成为森林结构研究的热点。林分空间结构决定了种群内树种之间的空间排列方式及其对周边环境资源的利用能力，在一定程度上决定了林分的稳定性、发展的可能性和经营空间的大小（曹小玉和李际平，2016）。

近年来，国内外许多学者针对林分空间结构指标进行了大量研究。汤孟平等（2012）分别对简单混交度、树种多样性混交度和全混交度等不同的混交度指标进行了比较和分析，证明了各混交度之间既有区别又有联系，全混交度是对简单混交度的改进。吕勇等（2012）通过对南洞庭湖龙虎山林场青栲混交林林层结构的研究，提出了林层指数的量化指标。赵中华等（2016）提出了用角尺度判断水平分布格局的验证方法，这进一步完善和提高了用角尺度判断水平分布格局的理论性和准确性。曹小玉和李际平（2016）分别从林分树种隔离程度、林木竞争、林木空间分布格局和垂直结构 4 个方面综述了林分空间结构指标的改进和研究动态。曹小玉等（2017）选择全混交度、林层指数、基于加权的 Hegyi 竞争指数、角尺度、开敞度 5 个林分空间结构参数进行多目标规划，构建了杉木林间伐空间结构优化模型。向博文等（2019）选取了全混交度、角尺度、大小比和竞争指数 4 个空间结构指标对湖南栎类次生林构建空间结构优化模型。姜兴艳等（2019）以湖南栎类次生林为研究对象，选择全混交度、角尺度、大小比和竞争指数，以最适断面积作为确定间伐量的约束条件，构建了林分间伐结构优化经营模型。综上，以往关于空间结构指标的研究大多集中在空间结构的分析比较、空间结构指标的选取与量化、空间结构优化及优化模型的建立这几方面。

野生动物资源与森林生态系统之间相互依赖、相互制约，同时二者之间进行着物质循环和能量转化，达到一种自然的生态平衡。因此对野生动物栖息地进行保护，对于森林可持续经营、保护生物多样性具有一定意义。为了更好地保护野生动物，野生动物的生境逐渐成为研究的重要内容，生境适宜性指数在野生动物生境评价中被广泛应用（Sousa，1987）。将空间结构指标和野生动物生境适宜性指数相结合进行林分优化模拟的研究国内外并不多见，本节以呼玛县金山林场为研究对象，综合考虑野生动物生境适宜性指数、非空间结构指标和空间结构指标，构建空间结构优化模型，结合优化算法进行优化模拟。在优化空间结构的同时，提高或不降低生境适宜性指数，实现森林可持续经营。本节数据来源于2017 年 10 月于呼玛县金山林场选取并设置的 1 块 30m×30m 的固定样地。固定样地数据用于林分空间结构的优化模拟，采用相邻格网法将整块样地划分为 6 个5m×30m 样带进行调查，对样地内所有胸径（DBH）≥5cm 的树木进行每木检尺，平均胸径和平均树高分别为 12.80cm 和 11.90m，郁闭度为 0.7，样地坡度平缓，坡位向阳。

9.2.1 多目标优化指标

林分空间结构指标是对林分空间结构特征的定量描述。目前，林分空间结构指标主要从林分树种隔离度、林木竞争、林木空间分布格局和林分的垂直结构 4个方面定义和计算。本节从林分水平空间结构和垂直空间结构角度考虑，选取全混交度（M_{c_i}）、Hegyi 竞争指数（M_{c_i}）、角尺度（W_i）和林层指数（S_i）4 个指标对林分空间结构进行分析并判断林分空间分布格局的合理性。各指标具体说明如下。

全混交度（汤孟平等，2012）考虑了空间结构单元的树种隔离关系和树种多样性：

$$M_{c_i} = \frac{1}{2}\left(D_i + \frac{C_i}{n_i}\right) \times M_i \tag{9-2}$$

式中，C_i / n_i 为最近邻木树种隔离度；C_i 为中心木的最近邻木中成对相邻木非同种的个数；n_i 为最近邻木株数；D_i 为空间单元的 Simpson 指数；M_i 为简单混交度。M_{c_i} 值越大，表明空间结构单元内树种隔离程度越大。

Hegyi 竞争指数（赵春燕等，2010）描述了林木之间的竞争压力：

$$CI_i = \sum_{j=1}^{n_i} \frac{d_j}{d_i \cdot L_{ij}} \tag{9-3}$$

式中，CI_i 为中心木 i 的 Hegyi 竞争指数；d_j 为邻近木 j 的胸径；d_i 为中心木 i 的胸径；L_{ij} 为中心木 i 与邻近木 j 之间的距离；n_i 为中心木 i 所在结构单元中邻近木株数。CI_i 值越大，表明林木所受的竞争压力越大。

角尺度（惠刚盈等，1999）分析了林木空间分布格局：

$$W_i = \frac{1}{n} \sum_{j=1}^{n} w_j \tag{9-4}$$

式中，w_j 取值为 1 或 0，当第 j 个 α 角小于标准角 α_0 时，为 1，否则为 0。n 为中心木的邻近木株数。当 W_i=0 时，表示最近邻木在中心木周围呈均匀分布；当 W_i=1 时，表示最近邻木在中心木周围呈聚集分布。

林层指数反映了林分垂直层次多样性（曹旭鹏等，2013）。根据国际林业研究组织联盟（International Union of Forestry Research Organization，IUFRO）的林分垂直分层标准进行划分，以林分的优势高为依据把森林划分为 3 个垂直层，树高小于等于 1/3 优势高为下层林木，介于 1/3～2/3 优势高为中层林木，大于等于 2/3 优势高为上层林木。

$$S_i = \frac{1}{n} \sum_{i=1}^{n} S_{ij} \tag{9-5}$$

式中，S_{ij} 的取值为 1 或 0，当 S_{ij}=1 时，表示中心木 i 与第 j 株邻近木不处于同一林层；当 S_{ij}=0 时，表示中心木 i 与第 j 株邻近木处于同一林层。S_{ij} 值越大，表明林分垂直结构多样性越高。

计算以上林分空间结构指标时采用应用最广泛的 4 株相邻木法来确定林分空间结构单元（惠刚盈和胡艳波，2001）。以固定样地的 4 条边到其内部水平 5m 的地区作为缓冲区，进行边缘校正。优化后的林分空间结构应该是林分整体的全混交度（M_{c_i}）和林层指数（S_i）增大、Hegyi 竞争指数（CI_i）减小、角尺度（W_i）为 [0.475，0.517]，从而增强林分的稳定性和多样性，减小林木的竞争压力，达到优化林分空间结构的目的。

9.2.2 生境适宜性指数

生境适宜性指数（HSI）可以表示野生动物生境质量的优劣，HSI 值越大，表示越适宜野生动物栖息。生境适宜性指数的计算公式见式（9-1）。

再对各评价因子进行归一化处理，计算公式为

$$F = \frac{x - x_{\min}}{x_{\max} - x_{\min}} \tag{9-6}$$

式中，F 为归一化因子值；x 为某个小班的生境适宜性得分；$x_{\min}$ 和 $x_{\max}$ 分别为生境适宜性得分的最小值和最大值；HSI 归一化后取值为 0～1。

9.2.3 基于生境适宜性指数的林分优化模型

利用乘除法多目标规划的基本原理，选取林分空间结构指标和生境适宜性指数（HSI）构建空间结构目标函数（Q），并且根据优化目标使优化前后林分结构特征趋于紫貂适宜生境的林分结构特征设置目标函数的约束条件。目标函数如下：

$$Q(g) = \frac{\dfrac{1+M(g)}{\sigma_M} \times \dfrac{1+S(g)}{\sigma_S} \times \dfrac{1+\mathrm{HSI}(g)}{\sigma_{\mathrm{HSI}}}}{\left[1+\mathrm{CI}(g)\cdot\sigma_{\mathrm{CI}}\right] \times \left[1+\left|W(g)-0.475\right|+\left|W(g)-0.517\right|\right] \times \sigma_W} \quad (9\text{-}7)$$

约束条件：

$$N(g) = N_0 \quad (9\text{-}8)$$

$$D(g) = D_0 \quad (9\text{-}9)$$

$$M(g) \geqslant M_0 \quad (9\text{-}10)$$

$$S(g) \geqslant S_0 \quad (9\text{-}11)$$

$$\mathrm{CI}(g) \leqslant \mathrm{CI}_0 \quad (9\text{-}12)$$

$$0.475 \leqslant W(g) \leqslant 0.517 \quad (9\text{-}13)$$

$$1.6 \leqslant \mathrm{HSI}(g) \leqslant 2 \quad (9\text{-}14)$$

$$1.2 \leqslant q \leqslant 1.7 \quad (9\text{-}15)$$

式中，$Q(g)$ 为目标函数值，M_0、CI_0、S_0 分别为林分采伐前全混交度、Hegyi 竞争指数、林层指数，$M(g)$、$\mathrm{CI}(g)$、$W(g)$、$S(g)$、$\mathrm{HSI}(g)$ 分别为林分采伐后的全混交度、Hegyi 竞争指数、角尺度、林层指数、生境适宜性指数；σ_M、σ_{CI}、σ_W、σ_S、σ_{HSI} 分别是以上 5 个指标的标准差；$D(g)$、D_0 为采伐前后径阶数；$N(g)$、N_0 为采伐前后树种个数；q 值为相邻径阶株数之比。

整体来看，样地优化前林分径阶分布趋近于倒"J"形，采伐木集中分布在 8~16cm 径阶。按照最优抚育强度 30%优化后，共计采伐 41 株。对比林分优化前后，优化 q 值为 1.3，在约束范围内偏低；优化后 q 值为 1.48，在合理的直径分布区间 1.2~1.7 内略有调整，使得林分径阶结构得到了一定的改善。

林分空间结构优化前后的各项指数见表 9-5。由表 9-5 可以看出，采伐前后的径阶数和树种个数均保持不变，林分空间调整后全混交度和林层指数得到了提高；林分的 Hegyi 竞争指数相应降低，与优化前相比降低了 25.02%；林分角尺度由原来的 0.537 降低到了 0.511，取值在[0.475，0.517]，更趋近于随机分布状态；除此之外，生境适宜性指数（HSI）由优化前的 1.68 提升到了 1.70。而目标函数 Q 值也由 64.77 提高到 138.31，变化幅度为 113.54%。

表 9-5　林分空间结构优化前后各指数变化

参数	优化前	优化后	变化趋势	变化幅度（%）
径阶数（D）	7	7	不变	—
树种个数（N）	2	2	不变	—
q 值	1.30	1.48	增加	13.85
全混交度（M_c）	0.215	0.225	增加	4.65
角尺度（W）	0.537	0.511	减小	4.84
林层指数（S）	0.524	0.540	增加	3.05
Hegyi 竞争指数（CI）	3.709	2.781	减小	25.02
生境适宜性指数（HSI）	1.68	1.70	增加	1.19
目标函数（Q）	64.77	138.31	增加	113.54

9.2.4　采伐优化方案

将上述生境适宜性指数（HSI）整合到传统的林分尺度空间优化模型中，即林分优化目标包括：全混交度（M_{c_i}）、角尺度（W_i）、Hegyi 竞争指数（CI_i）、林层指数（S_i）和生境适宜性指数（HSI）共 5 个目标。运用 R 软件编制程序，采用启发式算法中的蒙特卡罗模拟算法进行林分优化模拟，确保采伐后林分郁闭度不低于 0.6；优化后林分满足以下约束条件：全混交度、林层指数提高，Hegyi 竞争指数减小，角尺度处于随机分布状态，生境适宜性指数提高或不降低。样地中林木总数为 134 株，将固定样地的 4 条边到其内部水平 5m 的区域作为缓冲区，进行边缘校正，校正后剩余林木为 92 株。优化后目标函数的最大值为 $Q_1(x)$=138.31，采伐株数为 41 株，最优采伐强度为 30%。从最优解得知采伐木树号，其基本信息如表 9-6 所示，采伐木的位置如图 9-4 所示。

本节所构建的林分空间优化模型与以往研究不同，在进行林分空间结构优化的同时还考虑了野生动物生境适宜性指数，并将其作为空间结构模型的约束条件，同时采用蒙特卡罗模拟算法进行林分优化模拟。全混交度有一定程度的增加但变化幅度不大，角尺度逐渐趋于随机分布，而 Hegyi 竞争指数变化幅度最大，随采伐强度的增加而降低，林层指数变化趋势不明显，生境适宜性指数有所提高。而对于本节来说，目标函数（Q）值越大，则表明林分空间结构越理想同时更适宜紫貂栖息。

表9-6　采伐木的基本信息

树号	树种	胸径（cm）	树高（m）	冠幅（m）
27	落叶松	8.6	9.8	0.9
31	落叶松	8.3	10.0	0.9
34	白桦	8.5	11.2	0
38	落叶松	27.2	17.2	3.7
40	白桦	10.4	17.0	2.0
53	落叶松	7.1	11.5	0
		...		
123	白桦	7.4	9.5	0.8
126	白桦	9.1	10.2	1.4
129	落叶松	15.5	13.1	2.5
133	落叶松	11.5	12.0	1.5
134	落叶松	11.9	12.3	1.3

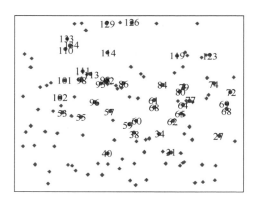

图 9-4　采伐木的位置信息（彩图请扫封底二维码）

图中红色圆点表示采伐木，数字表示采伐木的序号

　　本节研究区域确定最优采伐强度为 30%，目标函数（Q）值为 138.31，变化幅度为 113.54%。通过林分结构优化前后各指数的对比，得到不同指数的变化趋势。结果说明经过目标函数优化后，林分既保持了采伐前径阶和物种的多样性，又增大了树种空间隔离程度和林分垂直水平的多样性；林内竞争压力减小使林分空间分布格局更趋向于随机分布的理想化状态，并且提高了生境适宜性。因为对森林进行的每一次经营活动均会对生境质量产生影响，而生境质量又是影响野生动物生存的重要因素，所以在经营时应综合考虑，使经营目标最大化。本节将表示野生动物生境质量的生境适宜性指数融入传统的空间结构优

化函数中，使林分空间结构得到调整的同时更好地保护野生动物和营造更适宜野生动物栖息的生境。林分空间结构优化模拟关键是优化函数约束条件的设定，在设定时通常综合考虑非空间结构和空间结构约束，目标函数值越大，表示林分空间结构整体水平越理想。而在以往的研究中对约束条件的设定较为一致，可在今后的研究中融入与森林生态效益和经济效益等相关的指标作为约束条件，使优化目标函数在增加生态系统结构多样性与稳定性的同时具有一定的经济意义和生态学意义。

参 考 文 献

阿日根, 刘洋, 杨富荣, 等. 2018. 大兴安岭 3 种主要林型兴安落叶松种子库研究. 西北林学院学报, 33(4): 116-119.

白超, 赵中华, 胡艳波. 2016. 基于交角的林木竞争指数应用研究. 西北农林科技大学学报(自然科学版), 44(7): 138-145.

白江迪, 刘俊昌, 陈文汇, 等. 2019. 基于结构方程模型分析森林生态安全的影响因素. 生态学报, 39(8): 202-210.

包新康, 马建章, 张迎梅. 2003. 大兴安岭紫貂食物组成分析. 兽类学报, 3: 203-207.

卞玉梅. 2017. 结构方程模型研究及其应用. 大连: 大连海事大学硕士学位论文.

Borcard D, Gillet F, Legendre P. 2014. 数量生态学: R 语言的应用. 赖江山译. 北京: 高等教育出版社.

蔡文华, 杨健, 刘志华, 等. 2012. 黑龙江省大兴安岭林区火烧迹地森林更新及其影响因子. 生态学报, 32(11): 3303-3312.

曹谦. 2016. 基于结构方程模型的城市流动人口心理健康影响因素分析. 统计与信息论坛, 31(10): 70-75.

曹小玉, 李际平. 2016. 林分空间结构指标研究进展. 林业资源管理, 4: 65-73.

曹小玉, 李际平, 封尧, 等. 2015. 杉木生态公益林林分空间结构分析及评价. 林业科学, 51(7): 37-48.

曹小玉, 李际平, 胡园杰, 等. 2017. 杉木生态林林分间伐空间结构优化模型. 生态学杂志, 6(4): 1134-1141.

曹旭鹏, 李建军, 刘帅, 等. 2013. 基于 MO-GA 的洞庭湖森林生态系统经营的理想空间结构模型. 生态学杂志, 32(12): 3136-3144.

陈爱玲, 游水生, 林德喜. 2001. 阔叶林地在不同更新方式下土壤理化性质的变化. 浙江林学院学报, 18(2): 127-130.

陈贝贝, 王凯, 倪瑞强, 等. 2018. 长白山针阔混交林乔木幼苗组成与空间分布. 北京林业大学学报, 40(2): 68-75.

陈斌, 王蕾, 刘群英. 2017. 基于 AHP——熵值法的 PPP 项目风险评价模型研究. 工程管理学报, 31(2): 126-130.

陈科屹, 张会儒, 雷相东, 等. 2017. 基于目标树经营的抚育采伐对云冷杉针阔混交林空间结构的影响. 林业科学研究, 30(5): 718-726.

陈明辉, 惠刚盈, 胡艳波. 2019. 结构化森林经营对东北阔叶红松林森林质量的影响. 北京林业大学学报, 41(5): 19-30.

陈佩. 2014. 主成分分析法研究及其在特征提取中的应用. 西安: 陕西师范大学硕士学位论文.

陈香茗, 赵秀海, 夏富才, 等. 2011. 长白山紫椴种子雨的时空分布格局. 东北林业大学学报, 39(1): 7-10.

陈彦芹, 于泊, 高明达, 等. 2012. 抚育采伐对林下天然更新及其环境的影响. 河北林果研究, 27(3):

271-274.

陈英. 2014. 朴树更新策略及生态适应机制研究. 福州: 福建农林大学硕士学位论文.

陈莹, 董灵波, 刘兆刚. 2019. 帽儿山天然次生林主要林分类型最优树种组成. 北京林业大学学报, 41(5): 118-126.

陈永富. 2012. 森林天然更新障碍机制研究进展. 世界林业研究, 25(2): 41-45.

崔国发, 蔡体久, 杨文化. 2000. 兴安落叶松人工林土壤酸度的研究. 北京林业大学学报, 22(3): 33-36.

戴福, 李凤日, 贾炜玮, 等. 2009. 帽儿山天然次生林 10 种主要阔叶树冠径与胸径关系研究. 植物研究, 29(5): 597-602.

党晶晶. 2014. 黄土丘陵区生态修复的生态—经济—社会协调发展评价研究. 杨凌: 西北农林科技大学博士学位论文.

邓绍云, 邱清华. 2015. 结构方程模型及其应用研究现状与展望. 江苏科技信息, 24: 76-78.

邓须军, 黄芷妍. 2017. 基于层次分析法的海南森林资源健康评价研究. 生态经济, 33(6): 201-204.

邓雪, 李家铭, 曾浩健, 等. 2012. 层次分析法权重计算方法分析及其应用研究. 数学的实践与认识, 42(7): 93-100.

丁国泉, 许继中. 2012. 辽东山区天然次生林林分直径分布模型研究. 林业资源管理, 5: 94-97.

董灵波, 刘兆刚, 李凤日. 2015. 大兴安岭盘古林场森林景观的空间分布格局及其关联性. 林业科学, 51(7): 28-36.

董灵波, 刘兆刚, 李凤日, 等. 2014. 大兴安岭主要森林类型林分空间结构及最优树种组成. 林业科学研究, 27(6): 734-740.

董灵波, 刘兆刚, 马妍, 等. 2013. 天然林林分空间结构综合指数的研究. 北京林业大学学报, 35(1): 16-22.

董灵波, 田栋元, 刘兆刚. 2020. 大兴安岭次生林空间分布格局及其尺度效应. 应用生态学报, 31(5): 1476-1486.

董希斌. 2001. 采伐强度对落叶松林生长量的影响. 东北林业大学学报, 29(1): 44-47.

段劼, 马履一, 贾黎明, 等. 2010. 抚育间伐对侧柏人工林及林下植被生长的影响. 生态学报, 30(6): 1431-1441.

方杰, 温忠麟, 张敏强, 等. 2014. 基于结构方程模型的多重中介效应分析. 心理科学, 37(3): 735-741.

方绮雯, 刘振球, 袁黄波, 等. 2018. 结构方程模型的构建及 AMOS 软件实现. 中国卫生统计, 35(6): 958-960.

冯倩倩, 周梅, 赵鹏武, 等. 2019. 大兴安岭南段不同林龄白桦种子雨与地表种子库研究. 林业资源管理, (4): 74-79.

冯燕辉, 梁文俊, 魏曦, 等. 2020. 关帝山不同海拔梯度华北落叶松林土壤养分特征分析. 西部林业科学, 49(4): 68-73, 98.

高明, 朱玉杰, 董希斌, 等. 2013. 采伐强度对大兴安岭用材林生物多样性的影响. 东北林业大学学报, 41(8): 18-21.

高润梅, 石晓东, 郭跃东, 等. 2015. 文峪河上游华北落叶松林的种子雨、种子库与幼苗更新. 生态学报, 35(11): 3588-3597.

龚直文, 顾丽, 亢新刚, 等. 2010. 长白山森林次生演替过程中林木空间格局研究. 北京林业大学学报, 32(2): 92-99.

管惠文, 董希斌. 2018. 间伐强度对落叶松次生林冠层结构和林内光环境的影响. 北京林业大学学报, 40(10): 17-27.

郭海沣. 2019. 间伐对林口林业局主要人工林生长、结构及更新的影响. 哈尔滨: 东北林业大学硕士学位论文.

郭鸿飞. 2019. F检验法和T检验法在方法验证过程中的应用探究. 山西冶金, 42(4): 114-116.

郭秋菊. 2013. 择伐和火干扰对长叶松幼苗更新的影响. 杨凌: 西北农林科技大学博士学位论文.

郭垚鑫, 胡有宁, 李刚, 等. 2014. 太白山红桦种群不同发育阶段的空间格局与关联性. 林业科学, 50(1): 9-14.

郭垚鑫, 康冰, 李刚, 等. 2011. 小陇山红桦次生林物种组成与立木的点格局分析. 应用生态学报, 22(10): 2574-2580.

国家林业局. 2014. 第八次全国森林资源清查结果. 林业资源管理, 1: 1-2.

韩敏, 董希斌, 管惠文, 等. 2019. 大兴安岭天然落叶松林不同演替阶段土壤性质对生态功能的影响. 东北林业大学学报, 47(12): 50-54, 89.

韩有志, 王政权. 2002. 森林更新与空间异质性. 应用生态学报, 13(5): 615-619.

郝珉辉, 李晓宇, 夏梦洁, 等. 2018. 抚育采伐对蛟河次生针阔混交林功能结构和谱系结构的影响. 林业科学, 54(5): 1-9.

郝清玉, 刘旷勋, 王立海, 等. 2009. 沿海防护林防护效能的综合评价. 森林工程, 25(6): 25-30, 52.

郝月兰. 2012. 基于林分空间结构优化的采伐木确定方法研究. 北京: 中国林业科学研究院硕士学位论文.

何美成. 1998. 关于林木径阶整化问题. 林业资源管理, 6: 34-37.

洪宇. 2019. 基于结构方程模型的我国区域雾霾水平评价. 统计与决策, 35(2): 62-65.

胡雪凡, 张会儒, 张晓红. 2019. 中国代表性森林经营技术模式对比研究. 森林工程, 4: 32-38.

胡艳波. 2010. 基于结构化森林经营的天然异龄林空间优化经营模型研究. 北京: 中国林业科学研究院博士学位论文.

胡艳波, 惠刚盈. 2015. 基于相邻木关系的林木密集程度表达方式研究. 北京林业大学学报, 37(9): 1-8.

胡雨梦, 姜雪梅, 王森. 2017. 应对与发展——全球气候变化背景下的加拿大林业. 世界林业研究, 30(6): 73-77.

黄朗, 朱光玉, 康立, 等. 2019. 湖南栎类天然次生林幼树更新特征及影响因子. 生态学报, 39(13): 4900-4909.

黄新峰, 亢新刚, 杨华, 等. 2012. 5个林木竞争指数模型的比较. 西北农林科技大学学报(自然科学版), 40(7): 127-134, 140.

惠刚盈. 1999. 角尺度——一个描述林木个体分布格局的结构参数. 林业科学, 1: 39-44.

惠刚盈, Gadow K V, Albert M. 1999. 一个新的林分空间结构参数——大小比数. 林业科学研究, 12(1): 1-6.

惠刚盈, 胡艳波. 2001. 混交林树种空间隔离程度表达方式的研究. 林业科学研究, 1: 23-27.

惠刚盈, 胡艳波. 2006. 角尺度在林分空间结构调整中的应用. 林业资源管理, 2: 31-35.

惠刚盈, 胡艳波, 徐海. 2007a. 结构化森林经营. 北京: 中国林业出版社.

惠刚盈, 胡艳波, 赵中华. 2018. 结构化森林经营研究进展. 林业科学研究, 31(1): 85-93.

惠刚盈, 胡艳波, 赵中华, 等. 2013. 基于交角的林木竞争指数. 林业科学, 49(6): 68-73.

惠刚盈, 李丽, 赵中华, 等. 2007b. 林木空间分布格局分析方法. 生态学报, 27(11): 4717-4728.

季蕾, 亢新刚, 郭韦韦, 等. 2016. 金沟岭林场 3 种林型不同郁闭度林下灌草生物量. 东北林业大学学报, 44(9): 29-33.

贾非, 王楠, 郑光美. 2005. 白马鸡繁殖早期栖息地选择和空间分布. 动物学报, 51(3): 383-392.

贾炜玮, 解希涛, 姜生伟, 等. 2017. 大兴安岭新林林业局 3 种林分类型天然更新幼苗幼树的空间分布格局. 应用生态学报, 28(9): 2813-2822.

姜兴艳, 曾思齐, 贺东北, 等. 2019. 基于间伐调整的湖南楠木次生林结构化经营技术. 中南林业科技大学学报, 39(10): 48-54, 70.

金光耀, 尹冬冬, 刘开放, 等. 2016. 大兴安岭紫貂冬季生境选择研究. 安徽农业科学, 44(34): 7-10.

阚彬彬, 王庆成, 吴文娟. 2014. 择伐干扰对长白山阔叶林中水曲柳及其伴生树种分布格局及种间相关性的影响. 安徽农业科学, 42(35): 12570-12574.

康冰, 王得祥, 李刚, 等. 2012. 秦岭山地锐齿栎次生林幼苗更新特征. 生态学报, 32(9): 2738-2747.

孔锋. 2018. 全球气候治理背景下中国应对气候变化的成就和思考. 合肥: 第 35 届中国气象学会年会.

赖叶青, 张远荣, 胡明星, 等. 2019. 纳板河流域不同森林类型林分直径分布结构特征研究. 林业调查规划, 44(3): 51-55.

雷相东, 唐守正. 2002. 林分结构多样性指标研究综述. 林业科学, (3): 140-146.

雷渊才, 张雄清. 2013. 长白落叶松林分进界模型的研究. 林业科学研究, 26(5): 554-561.

李春明, 杜纪山, 张会儒. 2003. 抚育间伐对森林生长的影响及其模型研究. 林业科学研究, 16(5): 636-641.

李贵祥, 孟广涛, 方向京, 等. 2007. 抚育间伐对云南松纯林结构及物种多样性的影响研究. 西北林学院学报, 22(5): 164-167.

李红振. 2014. 大兴安岭东部地区过伐针阔叶混交林森林多功能评价. 哈尔滨: 东北林业大学硕士学位论文.

李际平, 房晓娜, 封尧, 等. 2015. 基于加权 Voronoi 图的林木竞争指数. 北京林业大学学报, 3: 61-68.

李建, 彭鹏, 何怀江, 等. 2017. 采伐对吉林蛟河针阔混交林空间结构的影响. 北京林业大学学报, 39(9): 48-57.

李建军, 张会儒, 刘帅, 等. 2013. 基于改进 PSO 的洞庭湖水源涵养林空间优化模型. 生态学报, 33(13): 4031-4040.

李杰, 高祥, 徐光, 等. 2014. 福建将乐林场常绿阔叶林幼苗结构分析与更新评价. 西北农林科技大学学报(自然科学版), 42(5): 62-68.

李进, 石晓东, 高润梅, 等. 2020. 华北落叶松天然次生林更新及影响因素. 森林与环境学报, 40(6): 588-596.

李晶. 2012. 扎龙湿地浮游植物生态特征及其环境效应研究. 哈尔滨: 哈尔滨工业大学博士学位论文.

李军锋, 李天文, 金学林, 等. 2005. 基于层次分析法的秦岭地区大熊猫栖息地质量评价. 山地学报, 6: 6694-6701.

李茜. 2018. 子午岭林区不同天然次生林生态系统 C、N、P 化学计量特征及其季节变化. 杨凌: 中国科学院大学(中国科学院教育部水土保持与生态环境研究中心)硕士学位论文.

李荣, 张文辉, 何景峰, 等. 2011. 不同间伐措施对辽东栎幼苗自然更新及生长状况的影响. 西北农林科技大学学报(自然科学版), 39(1): 52-60, 68.

李婷婷, 陈绍志, 吴水荣, 等. 2016. 采伐强度对水源涵养林林分结构特征的影响. 西北林学院学报, 31(5): 102-108.

李祥. 2015. 抚育强度对兴安落叶松林生长及光合作用的影响. 哈尔滨: 东北林业大学硕士学位论文.

李祥, 朱玉杰, 董希斌, 等. 2015. 抚育采伐后兴安落叶松的冠层结构参数. 东北林业大学学报, 43(2): 1-5.

李小双, 彭明春, 党承林. 2007. 植物自然更新研究进展. 生态学杂志, 12: 2081-2088.

李晓慧, 陆元昌, 袁彩霞, 等. 2006. 六盘山林区林分直径分布模型研究. 内蒙古农业大学学报(自然科学版), 27(4): 68-72.

李雪云, 潘萍, 欧阳勋志, 等. 2018. 闽楠天然次生林幼树幼苗更新特征及空间分布格局. 东北林业大学学报, 46(9): 11-15.

李雪云, 潘萍, 臧颢, 等. 2017. 闽楠天然次生林自然更新的影响因子研究. 林业科学研究, 30(5): 701-708.

李义明. 2002. 择伐对动物多样性的影响. 生态学报, 12: 2194-2201.

李月辉, 胡志斌, 冷文芳, 等. 2007. 大兴安岭呼中区紫貂生境格局变化及采伐的影响. 生物多样性, 3: 232-240.

梁建萍, 王爱民, 梁胜发. 2002. 干扰与森林更新. 林业科学研究, 15(4): 490-498.

梁建萍, 张莉, 李鲜花, 等. 2005. 水曲柳幼苗对杂草竞争的生理生态反应. 山西农业大学学报, 25(2): 131-134.

刘兵兵, 赵鹏武, 周梅, 等. 2019. 林窗对大兴安岭南段杨桦次生林林下更新特征的影响. 林业资源管理, 4: 31-36.

刘灿然, 马克平, 吕延华, 等. 1998. 生物群落多样性的测度方法 VI: 与多样性测度有关的统计问题. 生物多样性, 6(3): 69-79.

刘畅. 2014. 黑龙江省森林碳储量空间分布研究. 哈尔滨: 东北林业大学博士学位论文.

刘芳黎, 张越, 吴富勤, 等. 2017. 自毒和森林凋落物化感作用对极小种群野生植物大树杜鹃种子萌发的影响. 西北植物学报, 37(6): 1189-1195.

刘军, 富萍萍. 2007. 结构方程模型应用陷阱分析. 数理统计与管理, 27(2): 268-272.

刘帅. 2017. 天然次生林林分结构分析及多目标智能优化研究. 长沙: 中南林业科技大学博士学位论文.

刘宪钊, 王金龙, 李卫珍, 等. 2017. 人为干扰对油松天然林空间分布格局的影响. 东北林业大学学报, 45(3): 13-16.

刘玉平, 杨志高, 李丹, 等. 2020. 基于加权三角网的林分空间结构综合指数模型. 中南林业科技大学学报, 40(9): 79-87.

刘足根, 朱教君, 袁小兰, 等. 2006. 辽东山区长白落叶松(*Larix olgensis*)种子雨和种子库. 生态学报, 27(2): 579-587.

卢彦磊, 张文辉, 杨斌, 等. 2019. 秦岭中段不同坡向锐齿栎种子雨、土壤种子库与幼苗更新. 应用生态学报, 30(6): 1965-1973.

陆元昌, 张守攻, 雷相东, 等. 2009. 人工林近自然化改造的理论基础和实施技术. 世界林业研究, 22(1): 20-27.

吕康梅. 2006. 长白山过伐林区云冷杉针阔混交林最优林分结构和最优生长动态的研究. 北京:

北京林业大学硕士学位论文.

吕延杰, 杨华, 张青, 等. 2017. 云冷杉天然林林分空间结构对胸径生长量的影响. 北京林业大学学报, 39(9): 41-47.

吕勇, 臧颢, 万献军, 等. 2012. 基于林层指数的青椆混交林林层结构研究. 林业资源管理, 3: 81-84.

马逸清. 1989. 大兴安岭地区野生动物. 哈尔滨: 东北林业大学出版社.

孟庆林, 李明玉, 任春颖, 等. 2019. 基于 HSI 模型的吉林省东部地区生境质量动态评价. 国土资源遥感, 31(3): 140-147.

明安刚, 张治军, 谌红辉, 等. 2013. 抚育间伐对马尾松人工林生物量与碳贮量的影响. 林业科学, 49(10): 1-6.

牟兆军, 刘会锋, 王立中, 等. 2019. 大兴安岭东部林区土壤类型及分布规律. 国土与自然资源研究, 3: 72-74.

戚玉娇. 2014. 大兴安岭森林地上碳储量遥感估算与分析. 哈尔滨: 东北林业大学博士学位论文.

任学敏, 杨改河, 秦晓威, 等. 2012. 巴山冷杉-牛皮桦混交林乔木更新及土壤化学性质对更新的影响. 林业科学, 48(1): 1-6.

任学敏, 朱雅, 陈兆进, 等. 2019. 太白山锐齿槲栎林乔木更新特征及其影响因子. 林业科学, 55(1): 11-21.

沈英. 2019. T 检验和 F 检验在化学测试质控数据趋势分析中的应用. 检验检疫学刊, 29(2): 105-107.

史景宁, 李微, 孟京辉. 2016. 海南岛热带原始天然林和次生林对比分析. 应用与环境生物学报, 22(2): 271-276.

市县林区商品林主要树种出材率表(DB/T 870-2004). 2004. 哈尔滨: 黑龙江科学技术出版社.

淑梅, 铁牛, 席青虎, 等. 2008. 兴安落叶松林分空间分布格局的研究. 林业资源管理, 3: 86-89.

舒兰. 2019. 帽儿山天然次生林空间结构与更新计数模型. 哈尔滨: 东北林业大学硕士学位论文.

宋喜芳, 李建平, 胡希远. 2009. 模型选择信息量准则 AIC 及其在方差分析中的应用. 西北农林科技大学学报(自然科学版), 37(2): 88-92.

宋新章. 2007. 长白山区采伐林隙更新及其微生境研究. 北京: 中国林业科学研究院博士学位论文.

孙国龙, 李文博, 黄选瑞, 等. 2017. 华北落叶松人工林天然更新及与土壤因子的关系. 安徽农业大学学报, 44(6): 1047-1051.

孙培艳, 王鑫平, 包木太. 2010. 油指纹鉴别中特征比值的 T 检验比较法. 湖南大学学报(自然科学版), 37(9): 79-82.

谭留夷. 2011. 四川王朗自然保护区主要树种径向生长和更新研究. 北京: 北京林业大学硕士学位论文.

汤孟平. 2013. 森林空间结构分析. 北京: 科学出版社.

汤孟平, 娄明华, 陈永刚, 等. 2012. 不同混交度指数的比较分析. 林业科学, 48(8): 46-53.

汤孟平, 唐守正, 雷相东, 等. 2004a. 两种混交度的比较分析. 林业资源管理, 4: 25-27.

汤孟平, 唐守正, 雷相东, 等. 2004b. 林分择伐空间结构优化模型研究. 林业科学, 40(5): 25-31.

汤孟平, 唐守正, 李希菲, 等. 2003. 树种组成指数及其应用. 林业资源管理, 2: 33-36.

汤孟平, 徐文兵, 陈永刚, 等. 2013. 毛竹林空间结构优化调控模型. 林业科学, 49(1): 120-125.

唐守正. 2005. 东北天然林生态采伐更新技术研究: 北京: 中国科学技术出版社.

田国恒, 隋玉龙, 吴强, 等. 2013. 立地条件、林分郁闭度对华北落叶松更新幼苗生长的影响. 河北林果研究, 28(4): 348-353.

王二院, 李侠. 2016. T 检验在公安决策中的应用. 中国人民公安大学学报(自然科学版), 22(3): 37-42.

王济川, 郭志刚. 2001. Logistic 回归模型: 方法与应用. 北京: 高等教育出版社.

王凌. 2001. 智能优化算法及其应用. 北京: 清华大学出版社.

王瑞. 2016. 森林生态系统健康与野生动植物资源的可持续利用. 现代商贸工业, 37(34): 339-340.

王爽. 2014. 落叶松树冠体积和表面积生长模型的研究. 哈尔滨: 东北林业大学硕士学位论文.

王涛, 董灵波, 刘兆刚, 等. 2019. 大兴安岭天然次生林林木补植空间优化. 北京林业大学学报, 41(5): 127-136.

王笑梅, 康昕, 侯嫦英, 等. 2017. 苏南丘陵山区森林中冬青幼苗更新影响因子研究. 南京林业大学学报(自然科学版), 41(4): 197-201.

王妍. 2014. 基于结构方程模型的林木竞争指标研究. 北京: 北京林业大学硕士学位论文.

王永杰, 张首军. 2008. 不同郁闭度下天然白皮松林更新的研究. 山西师范大学学报(自然科学版), 22(4): 83-85.

王智勇. 2019. 抚育间伐强度对落叶松天然次生林结构及健康的影响. 哈尔滨: 东北林业大学硕士学位论文.

王智勇, 董希斌, 张甜, 等. 2018. 大兴安岭落叶松天然次生林林分结构特征. 东北林业大学学报, 46(4): 6-11, 28.

王周, 金万洲. 2015. 基于地理加权泊松模型的河南省火灾风险模拟. 南京林业大学学报(自然科学版), 39(5): 93-98.

魏安然, 张雨秋, 谭凌照, 等. 2019. 抚育采伐对针阔混交林林分结构及物种多样性的影响. 北京林业大学学报, 41(5): 148-158.

魏红洋, 董灵波, 刘兆刚. 2019. 大兴安岭主要森林类型林分空间结构优化模拟. 应用生态学报, 30(11): 3824-3832.

魏玉龙, 张秋良. 2020. 兴安落叶松林缘天然更新与立地环境因子的相关分析. 南京林业大学学报(自然科学版), 44(2): 165-172.

乌吉斯古楞. 2010. 长白山过伐林区云冷杉针叶混交林经营模式研究. 北京: 北京林业大学博士学位论文.

吴昊, 马昕昕, 肖楠楠, 等. 2020. 土壤物理性质对秦岭松栎林建群种形态及物种多样性的影响. 土壤, 52(5): 1068-1075.

向博文, 曾思齐, 甘世书, 等. 2019. 湖南次生栎林空间结构优化. 中南林业科技大学学报, 39(8): 33-40.

肖忆南, 谢榕, 杜娟. 2015. 基于 T 检验和弹性网的数据分类特征选择方法. 小型微型计算机系统, 36(10): 2213-2217.

谢小魁, 苏东凯, 刘正纲, 等. 2010. 长白山原始阔叶红松林径级结构模拟. 生态学杂志, 29(8): 1477-1481.

解希涛. 2017. 大兴安岭天然更新幼苗幼树空间分布格局及物种多样性分析. 哈尔滨: 东北林业大学硕士学位论文.

辛士波, 陈妍, 张宸. 2014. 结构方程模型理论的应用研究成果综述. 工业技术经济, 33(5): 61-71.

邢晖. 2014. 大兴安岭落叶松白桦混交林林分空间结构优化技术研究. 哈尔滨: 东北林业大学硕

士学位论文.

邢晖, 李凤日, 贾炜玮. 2014. 大兴安岭天然林林分空间结构. 东北林业大学学报, 42(6): 6-10.

熊露桥. 2013. 天然次生林间伐指数研究. 长沙: 中南林业科技大学硕士学位论文.

徐金良, 毛玉明, 郑成忠, 等. 2014. 抚育间伐对杉木人工林生长及出材量的影响. 林业科学研究, 27(1): 99-107.

徐文秀, 路俊盟, 卢志军, 等. 2017. 八大公山常绿落叶阔叶混交林影响幼苗存活的主要因子分析. 植物科学学报, 35(5): 659-666.

徐燕, 张彩虹, 吴钢. 2005. 森林生态系统健康与野生动植物资源的可持续利用. 生态学报, 2: 380-386.

徐振邦, 代力民, 陈吉泉, 等. 2001. 长白山红松阔叶混交林森林天然更新条件的研究. 生态学报, 21(9): 1413-1420.

许传德. 2014. 从连续八次森林资源清查数据看我国森林经营. 林业经济, 36(4): 8-11, 36.

薛文艳, 杨斌, 张文辉, 等. 2017. 桥山林区麻栎种群不同发育阶段空间格局及关联性. 生态学报, 37(10): 3375-3384.

闫琰. 2016. 吉林蛟河针阔混交林种子扩散和幼苗更新研究. 北京: 北京林业大学博士学位论文.

杨宏伟. 2008. 内蒙古大兴安岭兴安落叶松种子更新研究. 呼和浩特: 内蒙古农业大学硕士学位论文.

杨华, 李艳丽, 沈林, 等. 2014. 长白山云冷杉林幼苗幼树空间分布格局及其更新特征. 生态学报, 34(24): 7311-7319.

杨玲玲. 2013. Wilcoxon秩和检验在审计推理中的应用研究. 中国注册会计师, 7: 82-87.

杨秀清, 韩有志. 2010. 关帝山次生杨桦林种群结构与立木的空间点格局. 西北植物学报, 30(9): 1895-1901.

姚丹丹, 雷相东, 余黎, 等. 2015. 云冷杉针阔混交林叶面积指数的空间异质性. 生态学报, 35(1): 71-79.

姚杰, 宋子龙, 张春雨, 等. 2019. 距离和密度制约对吉林蛟河阔叶红松林幼苗生长的影响. 北京林业大学学报, 41(5): 108-117.

姚良锦, 姚兰, 易咏梅, 等. 2018. 亚热带常绿落叶阔叶混交林优势种川陕鹅耳枥和多脉青冈的空间格局. 林业科学, 54(12): 1-10.

易晨, 李德成, 张甘霖, 等. 2015. 土壤厚度的划分标准与案例研究. 土壤学报, 52(1): 220-227.

易青春, 张文辉, 唐德瑞, 等. 2013. 采伐次数对栓皮栎伐桩萌苗生长的影响. 西北农林科技大学学报(自然科学版), 41(4): 147-154, 160.

尤健健, 张文辉, 邓磊. 2015. 黄龙山不同郁闭度油松中龄林林木形质评价. 应用生态学报, 26(7): 1945-1953.

尤文忠, 赵刚, 张慧东, 等. 2015. 抚育间伐对蒙古栎次生林生长的影响. 生态学报, 35(1): 56-64.

于立忠, 刘利芳, 王绪高, 等. 2017. 东北次生林生态系统保护与恢复技术探讨. 生态学杂志, 36(11): 3243-3248.

于世川, 张文辉, 李罡, 等. 2017. 黄龙山林区不同郁闭度对辽东栎种群结构的影响. 生态学报, 37(5): 1537-1548.

于亦彤, 王新杰, 刘雨, 等. 2018. 金沟岭林场云冷杉天然次生林空间结构. 东北林业大学学报, 46(9): 7-10.

玉宝, 乌吉斯古楞, 王百田, 等. 2009. 兴安落叶松天然林2种林型林分更新特征. 林业资源管理,

6: 64-69.

岳永杰, 余新晓, 武军, 等. 2008. 北京山区天然次生林种群空间分布的点格局分析——以雾灵山自然保护区为例. 中国水土保持科学, 6(3): 59-64.

曾楠, 周梅, 赵鹏武, 等. 2014. 大兴安岭南段阔叶次生林空间格局及种间关系. 东北林业大学学报, 42(7): 36-39.

查如琴. 2016. 基于 SPSS 的双总体配对样本 T 检验与独立样本 T 检验. 读与写(教育教学刊), 7: 44-45.

张贵, 欧西成. 2010. 基于双重降维的森林景观格局综合评价模型研究与应用. 中南林业科技大学学报, 30(5): 1-6.

张宏伟, 黄剑坚. 2016. 雷州附城镇无瓣海桑林天然更新格局及其影响因子的灰色关联分析. 林业与环境科学, 32(2): 63-67.

张洪海, 马建章. 1999. 紫貂冬季生境选择的初步研究. 东北林业大学学报, (6): 49-52.

张洪海, 马建章. 2000a. 紫貂春季和夏季生境选择的初步研究. 动物学报, (4): 399-406.

张洪海, 马建章. 2000b. 紫貂秋季生境选择的初步研究. 生态学报, (1): 151-155.

张会儒, 唐守正. 2008. 森林生态采伐理论. 林业科学, 10: 127-131.

张会儒, 唐守正. 2011. 东北天然林可持续经营技术研究. 北京: 中国林业出版社.

张结存, 徐丽华, 张茂震, 等. 2014. 基于物种空间结构和多样性的改进型混交度研究. 浙江农林大学学报, 31(3): 336-342.

张金屯. 2011. 数量生态学. 北京: 中国科学技术出版社.

张君钰, 杨培华, 李卫忠, 等. 2020. 油松林林分空间结构分析及评价指数构建. 西北林学院学报, 35(5): 166-172.

张凌宇. 2020. 大兴安岭中部天然次生林种子雨动态、更新分布格局及影响因子研究. 哈尔滨: 东北林业大学博士学位论文.

张凌宇, 刘兆刚. 2017. 基于地理加权泊松模型的天然次生林进界株数空间分布与预测. 应用生态学报, 28(12): 3899-3907.

张凌宇, 刘兆刚. 2019. 基于地理加权回归模型的大兴安岭中部天然次生林更新分布. 林业科学, 55(11): 105-116.

张凌宇, 刘兆刚, 董灵波. 2018. 运用地理加权泊松模型估测天然次生林枯损量分布. 东北林业大学学报, 46(1): 45-51.

张曼. 2014. 桃山林场杨桦天然次生林结构和竞争特征及模拟采伐评价. 保定: 河北农业大学硕士学位论文.

张明海, 王金海, 刘淼, 等. 1998. 大兴安岭寒温带野生动物物种多样性现状与保护对策. 国土与自然资源研究, 3: 61-65.

张明霞, 王得祥, 康冰, 等. 2015. 秦岭华山松天然次生林优势种群的种间联结性. 林业科学, 51(1): 12-21.

张鹏. 2015. 不同间伐强度杉木人工林林分结构及生长分析. 北京: 北京林业大学硕士学位论文.

张淑萍, 张正旺, 覃筱燕. 2003. 模糊综合评价法在水鸟栖息地保护等级评价中的应用——天津地区水鸟栖息地评价案例. 北京师范大学学报(自然科学版), 5: 677-682.

张树梓, 李梅, 张树彬, 等. 2015. 塞罕坝华北落叶松人工林天然更新影响因子. 生态学报, 35(16): 5403-5411.

张甜. 2019. 抚育间伐对小兴安岭天然针阔混交林生态功能的影响. 哈尔滨: 东北林业大学博士学位论文.

张维, 李海燕, 赖晓辉, 等. 2016. 新疆天山峡谷不同坡向野核桃种群分布格局. 应用生态学报, 27(10): 3105-3113.

张晓红, 张会儒, 卢军, 等. 2019. 长白山蒙古栎次生林群落结构特征及优势树种空间分布格局. 应用生态学报, 30(5): 1571-1579.

张育新, 马克明, 祁建, 等. 2009. 北京东灵山海拔梯度上辽东栎种群结构和空间分布. 生态学报, 29(6): 2789-2796.

赵春燕, 李际平. 2017. 基于 Voronoi 图与 Delaunay 三角网的杉木人工纯林林木补植位置与空间配置. 中南林业科技大学学报, 37(2): 1-8.

赵春燕, 李际平, 李建军. 2010. 基于 Voronoi 图和 Delaunay 三角网的林分空间结构量化分析. 林业科学, 46(6): 78-84.

赵芳, 欧阳勋志. 2015. 飞播马尾松林林下植被盖度与环境因子的关系. 应用生态学报, 26(4): 1071-1076.

赵海凤, 徐明. 2016. 四川省森林生态系统对野生珍稀濒危动物的保护价值计量研究. 自然资源学报, 31(5): 789-799.

赵中华. 2009. 基于林分状态特征的森林自然度评价研究. 北京: 中国林业科学研究院博士学位论文.

赵中华, 惠刚盈, 胡艳波, 等. 2011. 2 种类型阔叶红松林优势种群空间分布格局及其关联性. 林业科学研究, 24(5): 554-562.

赵中华, 惠刚盈, 胡艳波, 等. 2016. 角尺度判断林木水平分布格局的新方法. 林业科学, 52(2): 10-16.

赵总, 贾宏炎, 蔡道雄, 等. 2018. 红椎天然更新及其影响因子研究. 北京林业大学学报, 40(11): 76-83.

郑玉莹. 2018. 秦岭松栎混交林建群种更新特征与微生境异质性的关系. 杨凌: 西北农林科技大学硕士学位论文.

钟明, 侍昊, 安树青, 等. 2016. 中国野生动物生境适宜性评价和生境破碎化研究. 生态科学, 35(4): 205-209.

周聪, 余晖, 傅刚. 2014. Wilcoxon 秩和检验在热带气旋强度预报方法评定中的应用. 大气科学学报, 3: 285-288.

周梦丽, 张青, 亢新刚, 等. 2015. 择伐经营对不同坡向云冷杉天然林伐后空间结构的影响. 河南农业大学学报, 49(6): 769-776.

周梦丽, 张青, 亢新刚, 等. 2016. 云冷杉天然林乔木树种组成及物种多样性对择伐强度的动态响应. 植物科学学报, 34(1): 56-66.

周晓光. 2014. 抚育间伐强度对马尾松公益林群落结构和生态服务功能的影响. 长沙: 中南林业科技大学硕士学位论文.

朱浩中. 2016. 基于结构方程模型的中国城市经济增长因素研究. 北京: 北京交通大学硕士学位论文.

朱洪坤. 2010. 黑龙江省次生林类型及经营方式的探讨. 林业勘查设计, 2: 22-23.

朱教君. 2002. 次生林经营基础研究进展. 应用生态学报, 13(12): 1689-1694.

朱教君, 李凤芹. 2007. 森林退化/衰退的研究与实践. 应用生态学报, 7: 1601-1609.

朱世兵. 2009. 大兴安岭地区貂熊(*Gulo gulo*)冬季生境评价. 哈尔滨: 东北林业大学硕士学位论文.

朱欣然, 吕勇, 张怀清, 等. 2020. 基于林分垂直空间结构特征的杉木人工林抚育间伐可视化模拟研究. 林业科学研究, 33(4): 53-58.

朱宇, 刘兆刚, 金光泽. 2013. 大兴安岭天然落叶松林单木健康评价. 应用生态学报, 24(5): 1320-1328.

朱玉杰, 董希斌. 2016. 大兴安岭地区落叶松用材林不同抚育间伐强度经营效果评价. 林业科学, 52(12): 29-38.

祝子枭, 刘兆刚, 董灵波, 等. 2020. 环境因子对大兴安岭天然落叶松次生林主要树种更新的影响. 东北林业大学学报, 48(6): 135-141.

庄丽娟, 高治中, 秦媛, 等. 2019. 陕西华州天然次生林林分直径结构研究. 防护林科技, 9: 31-33.

宗国. 2018. 辽东山区次生林乔木幼苗的空间分布格局及种间空间关联性. 沈阳: 沈阳农业大学硕士学位论文.

Aguirre O, Hui G, Gadow K V, *et al.* 2003. An analysis of spatial forest structure using neighbourhood-based variables. Forest Ecology and Management, 183(1-3): 137-145.

Anselin L. 1995. Local indicators of spatial association—LISA. Geographical Analysis, 27(2): 93-115.

Avlovi J, Boi M, Boncina A. 2006. Stand structure of an uneven-aged fir-beech forest with an irregular diameter structure: modeling the development of the Belevine forest, Croatia. European Journal of Forest Research, 4: 325-333.

Baldwin V C, Peterson K D, Lii A C, *et al.* 2000. The effects of spacing and thinning on stand and tree characteristics of 38-year-old loblolly pine. Forest Ecology and Management, 137(1): 91-102.

Barton K E, Hanley M E. 2013. Seedling-herbivore interactions: insights into plant defence and regeneration patterns. Annals of Botany, 112(4): 643-650.

Béland M, Lussier J M, Bergeron Y, *et al.* 2003. Structure spatial distribution and competition in mixed jack pine (*Pinus banksiana*) stands on clay soils of eastern Canada. Annals of Forest Science, 60(7): 609-617.

Bell F W, Lamb E G, Sharma M, *et al.* 2016. Relative influence of climate, soils, and disturbance on plant species richness in northern temperate and boreal forests. Forest Ecology and Management, 381: 93-105.

Blanco-Moreno J M, Chamorro L, Izquierdo J, *et al.* 2010. Modelling within-field spatial variability of crop biomass-weed density relationships using geographically weighted regression. Weed Research, 48(6): 512-522.

Borcard D, Legendre P, Drapeau P. 1992. Partialling out the spatial component of ecological variation. Ecology, 73(3): 1045-1055.

Briceño-Elizondo E, Garcia-Gonzalo J, Peltola H, *et al.* 2006. Sensitivity of growth of Scots pine, Norway spruce and silver birch to climate change and forest management in boreal conditions. Forest Ecology and Management, 232(1-3): 152-167.

Brunsdon C, Fotheringham A S, Charlton M E. 1996. Geographically weighted regression: a method for exploring spatial nonstationarity. Geographical Analysis, 28(4): 281-298.

Brunsdon C, Fotheringham A S, Charlton M E. 1999. Some notes on parametric significance tests for geographically weighted regression. Journal of Regional Science, 39(3): 497-524.

Bungard R A, Zipperlen S A, Press M C, *et al.* 2002. The influence of nutrients on growth and photosynthesis of seedlings of two rainforest dipterocarp species. Functional Plant Biology, 29(4): 505-515.

Cain M L, Milligan B G, Strand A E. 2000. Long-distance seed dispersal in plant populations. American Journal of Botany, 87: 1217-1227.

Cairns S C. 2006. Introduction to population ecology. Austral Ecology, 31(7): 907-908.

Chen X W, Li B L, Lin Z S. 2003. The acceleration of succession for the restoration of the mixed-broadleaved Korean pine forests in Northeast China. Forest Ecology and Management, 117: 503-514.

Chowdhury M S N, Wijsman J W M, Hossain M S. 2019. A verified habitat suitability model for the intertidal rock oyster, *Saccostrea cucullata*. PLoS One, 14(6): e02217688.

Christie D A, Armesto J J. 2003. Regeneration microsites and tree species coexistence in temperate rain forests of Chiloé Island, Chile. Journal of Ecology, 91: 776-784.

Cintra R. 1997. Leaf litter effects on seed and seedling predation of the palm *Astrocaryum murumuru* and the legume tree *Dipteryx micrantha* in Amazonian forest. Journal of Tropical Ecology, 13(5): 709-725.

Clark J S, Silman M, Kern R, *et al.* 1999. Seed dispersal near and far: patterns across temperate and tropical forests. Ecology, 80: 1475-1494.

Cleavitt N L, Fahey T J, Battles J J. 2011. Regeneration ecology of sugar maple (*Acer saccharum*): seedling survival in relation to nutrition, site factors, and damage by insects and pathogens. Canadian Journal of Forest Research, 41(2): 235-244.

Condit R, Ashton P S, Baker P, *et al.* 2000. Spatial patterns in the distribution of tropical tree species. Science, 288: 1414-1418.

Connell J H. 1970. On the role of natural enemies in preventing competitive exclusion in some marine animals and in rain forest trees. Dynamics of Populations, 298: 298-312.

Corral-Rivas J J, Wehenkel C, Castellanos-Bocaz H A, *et al.* 2010. A permutation test of spatial randomness: application to nearest neighbour indices in forest stands. Journal of Forest Research, 15(4): 218-225.

Costanza R, D'Arge R, de Groot R, *et al.* 1997. The value of the world's ecosystem services and natural capital. Ecological Economics, (1): 3-15.

Courbaud B, Goreaud F, Dreyfus P, *et al.* 2001. Evaluating thinning strategies using a tree distance dependent growth model: some examples based on the CAPSIS software "uneven-aged spruce forests" module. Forest Ecology and Management, 145(1-2): 15-28.

Crawford H S, Larry M R. 1989. A habitat suitability index for white-tailed deer in the Piedmont. Southern Journal of Applied Forestry, 13(1): 12-16.

Crecente-Campo F, Pommerening A, Rodríguez-Soalleiro R. 2009. Impacts of thinning on structure, growth and risk of crown fire in a *Pinus sylvestris* L. plantation in northern Spain. Forest Ecology and Management, 257(9): 1945-1954.

Crotteau J S, Ritchie M W, Varner J M. 2014. A mixed-effects heterogeneous negative binomial model for postfire conifer regeneration in Northeastern California, USA. Forest Science, 60(2): 275-287.

Czarnecka J. 2005. Seed dispersal effectiveness in three adjacent plant communities: xerothermic grassland, brushwood and woodland. Annales Botanici Fennici, 42(3): 161-171.

D'Amato A W, Orwig D A, Foster D R. 2009.Understory vegetation in old-growth and second-growth *Tsuga canadensis* forests in western Massachusetts. Forest Ecology and Management, 257: 1043-1052.

Das A, Battles J, Stephenson N L, *et al.* 2011. The contribution of competition to tree mortality in old-growth coniferous forests. Forest Ecology and Management, 261: 1203-1213.

Deng L, Zhang W H, Guan J H. 2014. Seed rain and community diversity of Liaotung oak (*Quercus liaotungensis* Koidz) in Shanxi, northwest China. Ecological Engineering, 67(2): 104-111.

Denslow J S, Ellison N A M. 1991. The effect of understory palms and cyclanths on the growth and survival of Inga seedlings. Biotropica, 23(3): 225-234.

Devaney J L, Jansen M A K, Pádraig M, *et al.* 2014. Spatial patterns of natural regeneration in stands of English yew (*Taxus baccata* L.)；Negative neighbourhood effects. Forest Ecology and Management, 321: 52-60.

Díaz S, Mercado C, Alvarez-Cardenas S. 2000. Structure and population dynamics of *Pinus lagunae* M.-F. Passini. Forest Ecology and Management, 134: 249-256

Erfanifard Y, Stereńczak K. 2017. Intra- and interspecific interactions of Scots pine and European beech in mixed secondary forests. Acta Oecologica, 78: 15-25.

Erfanzadeh R, Kahnuj S H H, Azarnivand H, *et al.* 2013. Comparison of soil seed banks of habitats distributed along an altitudinal gradient in northern Iran. Flora: Morphology, Distribution, Functional Ecology of Plants, 208(6): 312-320.

Facelli J M, Pickett S T A. 1991. Plant litter: light interception and effects on an old-field plant community. Ecology, 72(3): 1024-1031.

Fibich P, Lep J, Novotn V, *et al.* 2016. Spatial patterns of tree species distribution in New Guinea primary and secondary lowland rain forest. Journal of Vegetation Science, 27: 328-339.

Finegan B. 1996. Pattern and process in neotropical secondary rain forests: the first 100 years of succession. Trends in Ecology and Evolution, 11(3): 119-124.

Finney S J, Distefano C. 2013. Nonnormal and categorical data in structural equation modeling. *In*: Hancock G R, Mueller R O. Structural equation modeling. Greenwich: Information Age Publishing.

Flathers K N, Kolb T E, Bradford J B, *et al.* 2016. Long-term thinning alters ponderosa pine reproduction in northern Arizona. Forest Ecology and Management, 374: 154-165.

Flistad I S, Hylen G, Hanssen K H, *et al.* 2018. Germination and seedling establishment of Norway spruce (*Picea abies*) after clear-cutting is affected by timing of soil scarification. New Forests, 49(2): 231-247.

Flores O, Gourlet-Fleury S, Picard N. 2006. Local disturbance, forest structure and dispersal effects on sapling distribution of light-demanding and shade-tolerant species in a French Guianian Forest. Acta Oecologica, 29(2): 141-154.

Flores O, Rossi V, Mortier F. 2009. Autocorrelation offsets zero-inflation in models of tropical saplings density. Ecological Modelling, 220(15): 1797-1809.

Foody G M. 2004 Spatial nonstationary and scale-dependency in the relationship between species richness and environmental determinants for the sub-Saharan endemic avifauna. Global Ecology and Biogeography, 13(4): 315-320.

Fortin M, Deblois J. 2007. Modeling tree recruitment with zero-inflated models: The example of hardwood stands in southern Quebec, Canada. Forest Science, 53(11): 529-539.

Fotheringham A S, Brunsdon C. 2010. Local forms of spatial analysis. Geographical Analysis, 31(4): 340-358.

Fotheringham A S, Charlton M E, Brunsdon C. 1998. Geographically weighted regression: a natural evolution of the expansion method for spatial data analysis. Environment and Planning A, 30(11): 1905-1927.

Frisch A, Rudolphi J, Sheil D, *et al.* 2015. Tree species composition predicts epiphytic lichen communities in an African montane rain forest. Biotropica, 47(5): 542-549.

Fuller A K, Harrison D J. 2005. Influence of partial timber harvesting on American martens in North-Central Maine. Journal of Wildlife Management, 69(2): 710-722.

Funk J L, Larson J E, Ames G M. *et al.* 2017. Revisiting the Holy Grail: using plant functional traits to understand ecological processes. Biological Reviews, 92: 1156-1173.

García-Cervigón A I, Gazol A, Sanz V. *et al.* 2013. Intraspecific competition replaces interspecific facilitation as abiotic stress decreases: The shifting nature of plant-plant interactions. Perspectives in Plant Ecology, Evolution and Systematics, 15(4): 226-236.

Gavrikov V, Stoyan D. 1995. The use of marked point processes in ecological and environmental forest studies. Environmental and Ecological Statistics, 2: 331-344.

Gnonlonfoun I, Romain L G K, Salako V K, *et al.* 2015. Structural analysis of regeneration in tropical dense forest: combined effect of plot and spatial distribution patterns. Bulletin De La Socit Botanique De France, 162(1): 79-87.

Gorgoso-Varela J, García-Villabrille J D, Rojo-Alboreca A, *et al.* 2016. Comparing Johnson's SBB, Weibull and Logit-Logistic bivariate distributions for modeling tree diameters and heights using copulas. Forest Systems, 25: eSC07.

Green P T, Connell J H. 2000. Seedling dynamics over thirty-two years in a tropical rain forest tree. Ecology, 81: 568-584.

Greig S P. 1952.The use of random and contiguous quadrats in the study of the structure of plant communities. Annual of Botany, 16: 293-316.

Greig S P. 1983. Quantitative Plant Ecology. California: University of California Press.

Grimwood M J, Dobbs T J. 2010. The potential for species conservation in tropical secondary forests. Conservation Biology, 23(6): 1406-1417.

Guariguata M R, Pinard M A. 1998. Ecological knowledge of regeneration from seed in neotropical forest trees: implications for natural forest management. Forest Ecology and Management, 112: 87-99.

Guo L G, Ma Z H, Zhang L J. 2008. Comparison of bandwidth selection in application of geographically weighted regression: A case study. Canadian Journal of Forest Research, 38(9): 2526-2534.

Hadayeghi A, Shalaby A S, Persaud B N. 2010. Development of planning level transportation safety tools using geographically weighted Poisson regression. Accident Analysis and Prevention, 42(2): 676-688.

Hair J F, Howard M C, Nitzl C. 2020. Assessing measurement model quality in PLS-SEM using confirmatory composite analysis. Journal of Business Research, 109: 101-110.

Hanewinkel M, Pretzsch H. 2000. Modelling the conversion from even-aged to uneven-aged stands of Norway spruce (*Picea abies* L. Karst.) with a distance-dependent growth simulator. Forest Ecology and Management, 134(134): 55-70.

Harper J L. 1977. Population Biology of Plants. London: Academic Press.

Haugaasen T, Peres C A. 2009. Interspecific primate associations in Amazonian flooded and unflooded forests. Primates, 50: 239-251.

Hendriks M, Ravenek J M, Smit-Tiekstra A E, *et al.* 2015.Spatial heterogeneity of plant-soil feedback affects root interactions and interspecific competition. New Phytologist, 207: 830-840.

Holmes M J, Reed D D. 1991. Competition indices for mixed species northern hardwoods. Forest Science, 137(12): 1338-1349.

Holzwarth F, Kahl A, Bauhus J, *et al.* 2013. Many ways to die - partitioning tree mortality dynamics in a near-natural mixed deciduous forest. Journal of Ecology, 101(1): 220-230.

Janzen D H. 1970. Herbivores and the number of tree species in Tropical Forests. American

Naturalist, 104(940): 501-528.

Keeley J E, Fotheringham C J. 1998. Mechanism of smoke-induced seed germination in a post-fire chaparral annual. Journal of Ecology, 86(1): 27-36.

Kenkel N C. 1988. Pattern of self-thinning in Jack pine: testing the random mortality hypothesis. Ecology, (04): 1017-1024.

Kimsey M J, Moore J, Mcdaniel P. 2008. A geographically weighted regression analysis of Douglas-Fir site index in North Central Idaho. Forest Science, 54(3): 356-366.

Kint V. 2005. Structural development in ageing temperate Scots pine stands. Forest Ecology and Management, 214(1-3): 237-250.

Lambert D. 1992. Zero-inflated Poisson regression, with an application to defects in manufacturing. Technometrics, 34(1): 1-14.

Larsen J B, Nielsen A B. 2007. Nature-based forest management—where are we going? Forest Ecology and Management, 238(1-3): 107-117.

Larson A J, Churchill D. 2012. Tree spatial patterns in fire-frequent forests of western North America, including mechanisms of pattern formation and implications for designing fuel reduction and restoration treatments. Forest Ecology & Management, 267: 74-92.

Laungani R, Knops J M H. 2009. Species-driven changes in nitrogen cycling can provide a mechanism for plant invasions. Proceedings of the National Academy of Sciences, 106: 12400-12405.

Legendre P, Gallagher E D. 2001. Ecologically meaningful transformations for ordination of species data. Oecologia, 129: 271-280.

Li Y F, Ye S M, Hui G Y, et al. 2014. Spatial structure of timber harvested according to structure-based forest management. Forest Ecology and Management, 322(3): 106-116.

Lichstein J W, Simons T R, Franzreb K E. 2002. Spatial autocorrelation and autoregressive models in ecology. Ecological Monographs, 72(3): 445-463.

Liu C, Zhang L, Li F, et al. 2014. Spatial modeling of the carbon stock of forest trees in Heilongjiang Province, China. Journal of Forestry Research, 25(2): 269-280.

Ma Z, Zuckerberg B, Porter W F, et al. 2012a. Spatial Poisson models for examining the influence of climate and land cover pattern on bird species richness. Forest Science, 58(1): 61-74.

Ma Z, Zuckerberg B, Porter W F, et al. 2012b. Use of localized descriptive statistics for exploring the spatial pattern changes of bird species richness at multiple scales. Applied Geography, 32(2): 185-194.

Marimon B S, Felfili J M, Lima E S, et al. 2010. Environmental determinants for natural regeneration of gallery forest at the Cerrado/Amazonia boundaries in Brazil. Acta Amazonica, 40: 107-118.

Martin-Fernandez S, Garcia-Abril A. 2005. Optimisation of spatial allocation of forestry activities within a forest stand. Computers and Electronics in Agriculture, 49: 159-174.

Martinqueller E, Giltena A, Saura S. 2015. Species richness of woody plants in the landscapes of Central Spain: the role of management disturbances, environment and non-stationarity. Journal of Vegetation Science, 22(2): 238-250.

Mascaro J, Hughes R F, Schnitzer S A. 2012. Novel forests maintain ecosystem processes after the decline of native tree species. Ecological Monographs, 82(2): 221-228.

Mason W L, Connolly T, Pommerening A, et al. 2007. Spatial structure of semi-natural and plantation stands of Scots pine (Pinus sylvestris L.) in northern Scotland. Forestry, 80(5): 567-586.

Meyer H A. 1952. Structure, growth, and drain in balanced uneven-aged forests. Journal of Forestry, 50: 85-92.

Miao N, Liu S, Yu H, *et al.* 2014. Spatial analysis of remnant tree effects in a secondary Abies-Betula forest on the eastern edge of the Qinghai-Tibetan Plateau, China. Forest Ecology and Management, 313: 104-111.

Mladenoff D J, White M A, Pastor J, *et al.* 1993. Comparing spatial pattern in unaltered old-growth and disturbed forest landscapes. Ecological Applications a Publication of the Ecological Society of America, 3: 294-306.

Moles A T, Falster D S, Leishman M R, *et al.* 2004. Small-seeded species produce more seeds per square metre of canopy per year, but not per individual per lifetime. Journal of Ecology, 92(3): 384-396.

Muller-Landau H C, Wright S J, Calderón O, *et al.* 2008. Interspecific variation in primary seed dispersal in a tropical forest. Journal of Ecology, 96: 653-667.

Nakaya T, Fotheringham A S, Charlton M E. 2005. Geographically weighted Poisson regression for disease association mapping. Statistics in Medicine, 24(17): 2695-2717.

Nanami S, Kawaguchi H, Tateno R, *et al.* 2004. Sprouting traits and population structure of co-occurring *Castanopsis* species in an evergreen broad-leaved forest in southern China. Ecological Research, 19: 341-348.

Nathan R. 2006. Long-distance dispersal of plants. Science, 313: 786-788.

Naudiyal N, Schmerbeck J. 2017. Impacts of anthropogenic disturbances on forest succession in the mid-montane forests of Central Himalaya. Plant Ecology, 219(2): 1-15.

Opio C, Coopersmith D. 2000. Height to diameter ratio as a competition index for young conifer plantations in northern British Columbia, Canada. Forest Ecology and Management, 137(1/3): 245-252.

Otto R, García-Delrey E, Méndez J, *et al.* 2012. Effects of thinning on seed rain, regeneration and understory vegetation in a *Pinus canariensis* plantation (Tenerife, Canary Islands). Forest Ecology and Management, 280: 71-81.

Ozkan E, Omer K, Emre A. 2019. Habitat suitability model with maximum entropy approach for European roe deer (*Capreolus capreolus*) in the Black Sea Region. Environmental Monitoring and Assessment, 191(11): 669.

Palahí M, Pukkala T, Blasco E, *et al.* 2007. Comparison of beta, Johnson's SB, Weibull and truncated Weibull functions for modeling the diameter distribution of forest stands in Catalonia (north-east of Spain). European Journal of Forest Research, 126(4): 563-571.

Pardos M, Montes F, Aranda I, *et al.* 2007. Influence of environmental conditions on germinant survival and diversity of Scots pine (*Pinus sylvestris* L.) in central Spain. European Journal of Forest Research, 126(1): 37-47.

Parker G G, Davis M M, Chapotin S M. 2002. Canopy light transmittance in Douglas-fir-western hemlock stands. Tree Physiology, 22(2-3): 147-157.

Peres-Neto P R, Legendre P, Dray S, *et al.* 2006. Variation partitioning of species data matrices: estimation and comparison of fractions. Ecology, 87(10): 2614-2625.

Perry G L W, Miller B P, Enright N J. 2006. A comparison of methods for the statistical analysis of spatial point patterns in plant ecology. Plant Ecology, 187: 59-82.

Petritan A M, Biris I A, Merce O, *et al.* 2012. Structure and diversity of a natural temperate sessile oak (*Quercus petraea* L.) – European beech (*Fagus sylvatica* L.) forest. Forest Ecology and Management, 280(4): 140-149.

Plotkin J, Chave J, Ashton P. 2002. Cluster analysis of spatial patterns in Malaysian tree species. American Naturalist, 160(5): 629-644.

Pommerening A. 2006. Evaluating structural indices by reversing forest structural analysis. Forest

Ecology and Management, 224(3): 266-277.

Puhlick J J, Moore M M, Weiskittel A R. 2015. Factors influencing height-age relationships and recruitment of Ponderosa pine regeneration in Northern Arizona. Western Journal of Applied Forestry, 28(3): 91-96.

Ramirez J I, Patrick A J, Jan O, et al. 2019. Long-term effects of wild ungulates on the structure, composition and succession of temperate forests. Forest Ecology and Management, 432: 478-488.

Ramirez J, Patrick A J, Lourens P. 2018. Effects of wild ungulates on the regeneration, structure and functioning of temperate forests: A semi-quantitative review. Forest Ecology and Management, 424: 406-419.

Read Q D, Henning J A, Sanders N J. 2017. Intraspecific variation in traits reduces ability of trait-based models to predict community structure. Journal of Vegetation Science, 28: 1070-1081.

Reid M L, Allen S R, Bhattacharjee J. 2014. Patterns of spatial distribution and seed dispersal among bottomland hardwood tree species. Castanea, 79: 255-265.

Schiffers K, Schurr F M, Tielbörger K, et al. 2008. Dealing with virtual aggregation: a new index for analysing heterogeneous point patterns. Ecography, 31: 545-555.

Sharma R P, Vacek Z, Vacek S. 2016. Modeling individual tree height to diameter ratio for Norway spruce and European beech in Czech Republic. Trees, 30(6): 1969-1982.

Sousa P J. 1987. Habitat Suitability Index Models: Hairy Woodpecker. US Department of the Interior, Fish and Wildlife Service, Research and Development.

Stiell W M. 1982. Growth of clumped vs. equally spaced trees. Forestry Chronicle, (1): 23-25.

Stoyan D, Penttinen A. 2000. Recent applications of point process methods in forestry statistics. Statistical Science, 15: 61-78.

Streck C, Scholz S M. 2006. The role of forests in global climate change: whence we come and where we go. Int Aff, 82(5): 861-879.

Szwagrzyk J, Szewczyk J, Bodziarczyk J. 2001. Dynamics of seedling banks in beech forest: results of a 10-year study on germination, growth and survival. Forest Ecology and Management, 141: 237-250.

Taki H, Matsumura T, Hasegawa M, et al. 2013. Evaluation of secondary forests as alternative habitats to primary forests for flower-visiting insects. Journal of Insect Conservation, 17(3): 549-556.

Thomasma L E. 1981. Standards for the development of habitat suitability index models. Wildlife Society Bulletin, 19: 1-171.

Thomasma L E, Drummer T D, Peterson R O. 1991. Testing the habitat suitability index model for the fisher. Wildlife Society Bulletin, 19(3): 291-297.

Thomson F J, Moles A T, Auld T D, et al. 2011. Seed dispersal distance is more strongly correlated with plant height than with seed mass. Journal of Ecology, 99(6): 1299-1307.

Turner M. 1989. Landscape ecology: The effect of pattern on process. Annual Review of Ecology and Systematics, 1: 171-197.

Vayreda J, Gracia M, Jordi M V, et al. 2013. Patterns and drivers of regeneration of tree species in forests of peninsular Spain. Journal of Biogeography, 40(7): 1252-1265.

Wall C B, Stevens K J. 2015. Assessing wetland mitigation efforts using standing vegetation and seed bank community structure in neighboring natural and compensatory wetlands in north-central Texas. Wetlands Ecology and Management, 23(2): 149-166.

Wang X, Wiegand T, Hao Z, et al. 2010. Species associations in an old-growth temperate forest in north-eastern China. Journal of Ecology, 98: 674-686.

Wei X, Bi H X, Liang W J, *et al.* 2018. Relationship between soil characteristics and stand structure of *Robinia pseudoacacia* L. and *Pinus tabulaeformis* Carr. mixed plantations in the Caijiachuan watershed: an application of structural equation modeling. Forests, 9(03): 124.

Wiegand T, Gunatilleke C, Gunatilleke I, *et al.* 2007. How individual species structure diversity in tropical forests. Proceedings of the National Academy of Sciences, 104: 19029-19033.

Wiegand T, Kissling W D, Cipriotti P A, *et al.* 2006. Extending point pattern analysis for objects of finite size and irregular shape. Journal of Ecology, 94: 825-837.

Wiegand T, Moloney K A. 2004. Rings, circles, and null-models for point pattern analysis in ecology. Oikos, 104(2): 209-229.

Wiegand T, Moloney K A. 2014. Handbook of Spatial Point-pattern Analysis in Ecology. New York: CRC Press.

Willson M F. 1993. Dispersal mode, seed shadows and colonization patterns. Vegetatio, 107/108: 261-280.

Yan Q L, Zhu J J, Zhang J P, *et al.* 2010. Spatial distribution pattern of soil seed bank in canopy gaps of various sizes in temperate secondary forests, Northeast China. Plant and Soil, 329: 469-480.

Yin S, Jiang W. 2011. The economic value of forest ecosystem services assessment case study of Hunan Province. International Conference on Advances in Education and Management: 5.

Yong L, Dahe Q, Renhe Z, *et al.* 2016. Climatic and environmental changes in China. Climate and Environmental Change in China: 1951-2012: 29-46.

Yu D, Zhou L, Zhou W, *et al.* 2011. Forest management in Northeast China: history, problems, and challenges. Environment Management, 48: 1122-1135.

Zachara T. 2000. The influence of selective thinning on the social structure of the young (age class II) Scots pine stand. Prace Instytutu Badawczego Leśnictwa Seria A, (3): 35-61.

Zhang L, Bi H, Cheng P, *et al.* 2004. Modeling spatial variation in tree diameter-height relationships. Forest Ecology and Management, 189(2): 317-329.

Zhang L, Gove J H, Heath L S. 2005. Spatial residual analysis of six modeling techniques. Ecology Modelling, 186(2): 154-177.

Zhen Z, Li F, Liu Z, *et al.* 2013. Geographically local modeling of occurrence, count, and volume of down wood in northeast China. Applied Geography, 37(4): 114-126.

Zhu J X, Hu H F, Tao S L, *et al.* 2017. Carbon stocks and changes of dead organic matter in China's forests. Nature Communications, 8: 151-160.